中国机械工程学科教程配套系列教材

教育部高等学校机械类专业教学指导委员会规划教材

测试与传感技术

（第3版）

沈 艳　陈 亮　杨 平　章 洁　郭 兵　编著

清华大学出版社

北京

内 容 简 介

　　本书立足于对学生知识、能力、素质全面培养的要求,充分考虑经典传感测试理论与现代测试方法的融合、测试技术与信息科学技术的融合,以测试流程为主线,围绕工程测试系统的设计,着重介绍测试与传感系统的基本知识,内容主要包括:测试系统的组成及基本特性、常用传感器以及一些新型传感器的原理及应用、信号变换与调理、信号分析与处理、现代测试技术。

　　本书注重体系结构的完整性和科学性,内容的先进性和新颖性,文字简练,内容充实,条理清晰,深浅适当,列举大量的工程案例,突出工程应用,避免了繁杂的数学推导,便于教学和自学。

　　本书可作为仪器仪表类、机械类、自动化、物联网、电子工程等相关专业的教材,亦可供高等学校相关教师和从事测试技术工作的工程技术人员参考。

图书在版编目(CIP)数据

　测试与传感技术/沈艳等编著. —3 版. —北京:清华大学出版社,2020.4
　中国机械工程学科教程配套系列教材　教育部高等学校机械类专业教学指导委员会规划教材
　ISBN 978-7-302-55153-9

　Ⅰ. ①测…　Ⅱ. ①沈…　Ⅲ. ①传感器-高等学校-教材　Ⅳ. ①TP212

　中国版本图书馆 CIP 数据核字(2020)第 046787 号

责任编辑:许　龙
封面设计:常雪影
责任校对:王淑云
责任印制:刘海龙

出版发行:清华大学出版社
　　　　网　　　址:http://www.tup.com.cn, http://www.wqbook.com
　　　　地　　　址:北京清华大学学研大厦 A 座　　　　　　　邮　　编:100084
　　　　社 总 机:010-62770175　　　　　　　　　　　　　　邮　　购:010-62786544
　　　　投稿与读者服务:010-62776969, c-service@tup.tsinghua.edu.cn
　　　　质量反馈:010-62772015, zhiliang@tup.tsinghua.edu.cn
印 装 者:北京鑫海金澳胶印有限公司
经　　销:全国新华书店
开　　本:185mm×260mm　　印　张:14.25　　　　　　　字　　数:345 千字
版　　次:2011 年 2 月第 1 版　2020 年 4 月第 3 版　　印　　次:2020 年 4 月第 1 次印刷
定　　价:45.00 元

产品编号:084371-01

我曾提出过高等工程教育边界再设计的想法,这个想法源于社会的反应。常听到工业界人士提出这样的话题:大学能否为他们进行人才的订单式培养。这种要求看似简单、直白,却反映了当前学校人才培养工作的一种尴尬:大学培养的人才还不是很适应企业的需求,或者说毕业生的知识结构还难以很快适应企业的工作。

当今世界,科技发展日新月异,业界需求千变万化。为了适应工业界和人才市场的这种需求,也即是适应科技发展的需求,工程教学应该适时地进行某些调整或变化。一个专业的知识体系、一门课程的教学内容都需要不断变化,此乃客观规律。我所主张的边界再设计即是这种调整或变化的体现。边界再设计的内涵之一即是课程体系及课程内容边界的再设计。

技术的快速进步,使得企业的工作内容有了很大变化。如从20世纪90年代以来,信息技术相继成为很多企业进一步发展的瓶颈,因此不少企业纷纷把信息化作为一项具有战略意义的工作。但是业界人士很快发现,在毕业生中很难找到这样的专门人才。计算机专业的学生并不熟悉企业信息化的内容、流程等,管理专业的学生不熟悉信息技术,工程专业的学生可能既不熟悉管理,也不熟悉信息技术。我们不难发现,制造业信息化其实就处在某些专业的边缘地带。那么对那些专业而言,其课程体系的边界是否要变?某些课程内容的边界是否有可能变?目前不少课程的内容不仅未跟上科学研究的发展,也未跟上技术的实际应用。极端情况甚至存在有些地方个别课程还在讲授已多年弃之不用的技术。若课程内容滞后于新技术的实际应用好多年,则是高等工程教育的落后甚至是悲哀。

课程体系的边界在哪里?某一门课程内容的边界又在哪里?这些实际上是业界或人才市场对高等工程教育提出的我们必须面对的问题。因此可以说,真正驱动工程教育边界再设计的是业界或人才市场,当然更重要的是大学如何主动响应业界的驱动。

当然,教育理想和社会需求是有矛盾的,对通才和专才的需求是有矛盾的。高等学校既不能丧失教育理想、丧失自己应有的价值观,又不能无视社会需求。明智的学校或教师都应该而且能够通过合适的边界再设计找到适合自己的平衡点。

我认为,长期以来,我们的高等教育其实是"以教师为中心"的。几乎所有的教育活动都是由教师设计或制定的。然而,更好的教育应该是"以学生为中心"的,即充分挖掘、启发学生的潜能。尽管教材的编写完全是由教师完成的,但是真正好的教材需要教师在编写时常怀"以学生为中心"的教育理念。如此,方得以产生真正的"精品教材"。

教育部高等学校机械设计制造及其自动化专业教学指导分委员会、中国机械工程学会与清华大学出版社合作编写、出版了《中国机械工程学科教程》,规划机械专业乃至相关课程的内容。但是"教程"绝不应该成为教师们编写教材的束缚。从适应科技和教育发展的需求而言,这项工作应该不是一时的,而是长期的,不是静止的,而是动态的。《中国机械工程学科教程》只是提供一个平台。我很高兴地看到,已经有多位教授努力地进行了探索,推出了新的、有创新思维的教材。希望有志于此的人们更多地利用这个平台,持续、有效地展开专业的、课程的边界再设计,使得我们的教学内容总能跟上技术的发展,使得我们培养的人才更能为社会所认可,为业界所欢迎。

是以为序。

2009 年 7 月

2016 年,中国成为《华盛顿协议》第 18 个正式成员,这标志着中国高等教育迈入新的台阶。随着教育部"卓越工程师教育培养计划"的升级、工程教育专业认证的发展以及新工科的提出,将进一步推进中国工程教育改革,提高工程教育质量,培养具有思想政治过硬、理论基础扎实和工程实践能力强的创新型应用人才,为建设创新型国家和人才强国战略服务。

本教材贯彻"拓宽学科基础""夯实专业基础"以及"理论与实践紧密结合"的原则,立足于学生知识、能力、素质全面培养的要求,以实际工程为背景,突出工程应用,注重体系结构的完整性和科学性,内容的先进性和新颖性,强化理论与实际融合、经典与现代融合、测试技术与信息技术融合。编者总结了多年的教学经验和科研成果,充分借鉴国内外同类优秀教材以及相关文献,编写了体现工程教育特色的教材。该教材具有以下特点:

(1)工程应用特色鲜明。本书在考虑了学生的学习认知过程的基础上,贯彻机电结合、测控结合、理论与实践结合及少而精的原则,加强工程背景,通过收录大量的工程案例或者示例,将抽象的理论和分析方法融入实践工程案例,力求抓住学生专业学习的动力点,培养学生获取知识的能力。

(2)注重知识技能的实用性和有效性。紧跟测试与感知技术领域的新理论、新技术和新方法,在理论知识够用的前提下,反映测试技术的最新发展趋势和水平,使读者能够全面学习和掌握信号感知、采集、处理及信号传输的整个过程,培养学生运用知识点解决实际工程问题的能力和创新能力。

(3)可读性强。在内容编排上力求精炼严谨,深浅适当,循序渐进,突出重点,避免了繁杂的数学推导,突出趣味性、可读性,拓宽读者的眼界,便于读者理解、掌握和自学。

本书按照典型的测试系统所完成的测试过程安排内容。全书共 6 章,第 1 章简要介绍测试技术与传感器技术的适用范围及发展趋势;第 2 章讨论测试系统的基本特性;第 3 章介绍常用传感器以及一些新型传感器的原理及应用;第 4 章介绍信号的变换及调理;第 5 章介绍信号的分析与处理;第 6 章针对现代测试技术进行了介绍。每个章节基本都配有实际的工程案例分析。

本书由沈艳编写第 1 章 1.1、1.4~1.5 节、第 2 章、第 5 章 5.2~5.3 节,陈亮编写第 3 章、第 1 章 1.2~1.3 节,杨平编写第 1 章 1.6~1.7 节、第 5 章 5.1 节及附录,章洁编写第 4 章、第 5 章 5.4 节,郭兵编写第 6 章,全书由沈艳统稿。

本书由电子科技大学古天祥教授主审，他仔细审阅了书稿，提出了许多建设性意见和宝贵的建议。本教材在编写过程中，得到电子科技大学习友宝教授、詹惠琴教授、李迅波教授的指导和帮助。同时，本书吸取了许多兄弟院校测试与传感技术教材的优点，得到了许多老师的帮助，在此致以衷心的感谢！

限于编者水平，书中难免存在错误与不妥之处，殷切希望广大读者及同行批评指正。

编　者

2019 年 9 月

目　录
CONTENTS

第 **1** 章

绪　论

社会的发展是基于人类对客观世界的不断认识而持续发展的,测试则是人类认识客观世界的主要方法,是进行各种科学试验和技术评价等必不可少的手段。通过测试,可以揭示事物的内在联系和发展规律,并加以利用和改造,进而推动科学技术的发展。著名科学家钱学森院士明确指出:"信息技术包括测试技术、计算机技术和通信技术。测试技术对信息进行采集和处理,是信息技术的源头,是关键中的关键。"

1.1　测试的含义

测试技术是一项综合运用多种学科知识的技术,特别是现代测试技术,几乎应用了所有近代新技术和新理论。从广义的角度讲,测试工作的范围涉及试验设计、模型理论、传感器、信号加工与处理、控制工程、系统辨识、参数估计等诸多学科的内容;从狭义的角度讲,测试的目的就是借助专门设备,通过合适的试验和必要的数据分析和处理,从研究对象中获取有用的信息。

信息是物质所固有的,是客观存在的。信息蕴含于信号之中,信号是传输信息的载体。例如,一座桥梁或一台机器,它们本身具有抵抗外力的能力,这是物质固有的特性。如何探测这一客观存在呢? 当所研究的系统受到外力激励后,所发生的位移-时间历程包含了描述该系统的固有频率和阻尼比的信息。因此,测试就是对信号的获取、加工、处理、显示记录及分析的过程。本课程主要从狭义的角度介绍测试的原理和工作过程。

所谓测试是指具有试验性质的测量,是测量(measurement)和试验(test)的综合。一个完整的测试过程涉及被测对象、计量单位、测试方法和测量误差等四个方面,称之为测试四要素。

测量是指将一个被测量与一个预定标准之间进行定量比较,从而获得被测对象的数值结果,即以确定被测对象的量值为目的的全部操作。

试验是对被研究的对象或系统进行试验性研究的过程。通常是将被研究对象或系统置于某种特定的或人为构建的环境条件下,通过试验数据来探讨被研究对象的性能的过程。例如,汽车乘坐舒适性的台架试验如图 1.1 所

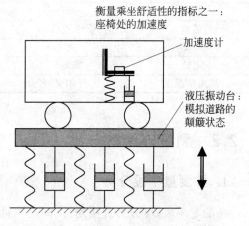

衡量乘坐舒适性的指标之一:
座椅处的加速度

加速度计

液压振动台:
模拟道路的
颠簸状态

图 1.1　汽车乘坐舒适性的台架试验

示,座椅的加速度由置于座椅处的加速度计测量,液压振动台则提供汽车在颠簸道路上行驶的状态模拟,测量得到座椅处的加速度的试验数据反映了乘坐汽车舒适性的指标之一。

为了了解周边工厂的设备噪声对生活区环境的影响,人们可用声级计实测生活区的噪声,这是对环境噪声的测量;为了进一步了解噪声的传播途径、确定周边的哪些设备对生活区的环境噪声贡献最大,或需要提出降噪措施,则要以试验的方式,安排设备的运行顺序和工况,在设备与生活区之间布置更多的振动和噪声测点,并对所测的信号进行深入的分析,如频谱分析、相关分析,得到较客观的认识,这称为测试。

综上所述,测量是被动的、静态的、较孤立的记录性操作,其重要性在于它提供了系统所要求的和实际所取得的结果之间的一种比较;测试是主动的、涉及过程动态的、系统的记录与分析的操作,通过试验得到的试验数据成为研究对象的重要依据。

1.2　测量方法的分类及选择

鉴于信息的多样性,测试方法极其丰富。而测试方法的选择是否正确,直接关系到测试结果的可信赖程度,关系到测试的经济性和可行性。

1.2.1　计量单位

为了将测量结果标准化,必须有一套标准的单位,即计量单位。按约定规则确定的一套完善的制度及其全部单位的总体,称为计量单位制。目前最普遍使用的是国际计量大会(CGPM)上通过的国际单位制,用符号 SI(Standard International)表示,如表 1.1所示。

表 1.1　国际制(SI)基本单位和辅助单位

量	单位名称和符号	量	单位名称和符号
基 本 单 位		基 本 单 位	
长度	米(m)	物质的量	摩尔(mol)
质量	千克(kg)	照明强度	坎德拉(cd)
时间	秒(s)	补 充 单 位	
电流	安培(A)	平面角	弧度(rad)
热力学温度	开尔文(K)	立体角	球面弧度(sr)

1.2.2　测量方法的分类

1. 按测量手段分类

按测量手段,可分为直接测量、间接测量和组合测量。其具体描述如表 1.2所示。

表 1.2　按测量手段分类

分　类	描　述	实　例
直接测量	直接与标准量比较或测量仪器得到被测量值的测量。 该方法测量过程简单、迅速,但精度不高	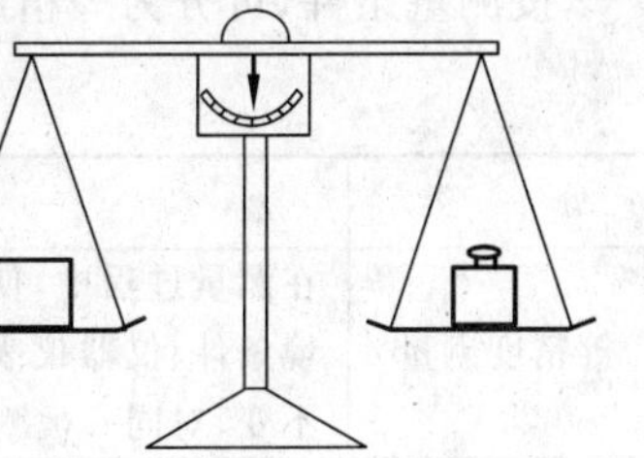 天平
间接测量	利用仪器仪表把待测物理量的变化变换成与之保持已知函数关系的另一种物理量的变化。 该方法程序复杂,花费时间较长,但可获得较高的精度	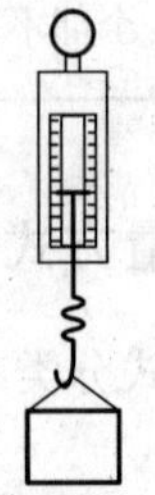 弹簧秤
组合测量	被测量必须经过求解联立方程组,才能得到最后结果	兼用直接测量和间接测量的方式,这种方法比较繁琐,通常用于试验室和科学研究中

2. 按被测量随时间变化的快慢分类

按被测量随时间变化的快慢分为静态测量和动态测量。其具体描述如表 1.3 所示。

表 1.3　按被测量随时间变化的快慢分类

分　类	描　述	实　例
静态测量	输入、输出信号不随时间而变化或变化极慢,在所观察的时间间隔内可忽略其变化而视作常量。 静态测量中校正和补偿技术易于实现,线性关系不是必需的,但是希望的	用体温计测量体温,测量时间越长,测量结果越准确
动态测量	当输入信号为一随时间迅速变化的信号时,则采用动态测量。 在动态测量中,测试系统则力求为线性系统,原因主要有两方面:①目前对线性系统的数学处理和分析方法比较完善;②动态测量中的非线性校正较困难。 对许多实际的测试系统而言,只能在一定的工作范围和误差允许范围内当作线性系统来处理	一段需要了解语义的语音测试

3. 按测量条件分类

按测量条件,可分为等精度测量和非等精度测量。其具体描述如表 1.4 所示。

表 1.4 按测量的精度因素分类

分 类	描 述	说 明
等精度测量	在测量过程中,使影响测量误差的各因素(环境条件、仪器仪表、测量人员、测量方法)保持不变,对同一被测量进行多次重复测量	在工程技术中,常采用的是等精度测量法
非等精度测量	在测量过程中,测量环境条件有部分不相同或全部不相同,对同一被测量进行多次重复测量	在科学研究、重要的精密测量或检定中,为了获得更可靠和精确的测量结果,才采用非等精度测量法

4. 按测量方式分类

按测量方式分类有偏差式测量、零位式测量和微差式测量。其具体描述如表 1.5 所示。

表 1.5 按测量方式分类

分 类	描 述	实 例
偏差式测量	在测量过程中,被测量作用于测量仪表的比较装置(指针),使比较装置产生偏移,利用偏移位移直接表示被测量大小的测量方法。该方法测量过程简单、迅速,但测量结果精度较低	弹簧秤、磁电式仪表
零位式测量	在测量过程中,被测量作用于测量仪表的比较装置,利用指零机构使被测量和标准量两者达到平衡,用已知的标准量决定被测未知量的测量方法。该方法测量精度较高,但测量过程复杂、费时,不适用于测量迅速变化的信号	天平测量质量和惠斯通电桥测量电阻(或电感、电容)
微差式测量	将被测量与已知标准量比较,读取它们之间的差值,再用偏差式测量法得到该差值。该方法反应快,测量精度高	不平衡电桥测电阻

5. 按测量设备与物质的接触情况分类

按测量设备与物质的接触情况分为接触式和非接触式。其具体描述如表 1.6 所示。

表 1.6 按测量设备与物质的接触情况分类

分 类	描 述	实 例
接触式测量	在测量过程中,测量设备或其一部分必须与被检测物质直接相接触。接触式测量受到的外界干扰往往较少,结果可靠;缺点是仪器自身也可能成为原信息的干扰源	体温计靠与身体的直接接触达到热平衡,将体温信息传递出来

分 类	描 述	实 例
非接触式测量	被测物体不与测量设备直接接触,而是依靠调制载有信息的波或场,如声波、磁场、射线,传递出信息。这种波、场可以是由仪器专门施加的,也可能是从物质自身发出的。 非接触式测量往往用于条件恶劣、无法直接接触的场合,或者仪器接触会破坏原有信息的场合,其缺点是在波、场传递过程中容易受到干扰	液滴的温度从其辐射的红外线波长分析出来

1.2.3 测量方法的选择

在选择测量方法时,综合考虑下列主要因素。

(1) 从被测量的特点考虑。被测量的性质不同,采用的测量仪表和测量方法也不同,因此,对被测对象的情况要了解清楚。例如被测参数是否为线性、对波形和频率的要求、对测量过程的稳定性有无要求、有无抗干扰要求以及其他要求等。

(2) 从测量的精确度和灵敏度考虑。工程测量和精密测量对这两者的要求有所不同,要注意选择仪器、仪表的准确度等级,还要选择满足测量误差要求的测量技术。如果属于精密测量,则须按照误差理论的要求进行严格的数据处理。

(3) 从测量环境考虑。测量环境是否符合测量设备和测量技术的要求,尽量减少仪器、仪表对被测电路状态的影响。

(4) 测量方法简单可靠,测量原理科学,尽量减少原理性误差。

总之,恰当选择测量仪器、仪表及设备,采用合适的测量方法和测量技术,才能较好地完成测量任务。

1.3 测量误差

1.3.1 测量误差的基本概念

人们对于客观事物认识的局限性、测量工具的不准确、测量手段的不完善、受环境影响或测量工作中的疏忽等原因,都会使测试系统所获得的测量结果与被测量的真值有所差异,这个差异称为误差。

国际标准化组织(ISO)将真值定义为:与给定的特定量的定义完全一致的量值。真值是个理想概念,即一般情况下,真值是不知道的,只是在某些特殊情况下,真值可认为是已知的,主要包括理论真值、约定真值和近似真值等。

理论真值:如三角形内角和是180°,理想电容器的电流与电压的相位差为90°等。

约定真值:由国际计量大会决议所定的值。如表1.1所示的7个SI基本单位是计量学约定真值。

近似真值：高一级计量标准器具的误差与低一级计量标准器具的误差之比小于1/3,则可认为前者是后者的相对真值,即近似真值。在系统误差可忽略时,多次测量的平均值也可以作为近似真值。

1.3.2 测量误差的分类

1. 按表示方法分类

测量误差按照其表示方法分类,通常有绝对误差、相对误差、引用误差等,具体描述如表1.7所示。

表 1.7　测量误差表示方法分类

名称	定 义	数学表达式	说 明
绝对误差	由测量所得到的被测量值 X 与其真值 X_0 的差值 ΔX	$\Delta X = X - X_0$	真值可以用高一级或数级的标准仪器或计量器具所测得的数值代替。在误差较小、要求不太严格的场合,也用仪器的多次测量值的均值代替真值
相对误差	测量的绝对误差与被测量的真值之比(用百分数表示)	$r_0 = \dfrac{\Delta X}{X_0} \times 100\%$	实际中,用绝对误差与实际测量值 X 之比表示实际相对误差: $r_A = \dfrac{\Delta X}{X} \times 100\%$ 以仪器的示值 X_I 代替 X,称为示值相对误差: $r_X = \dfrac{\Delta X}{X_I} \times 100\%$
引用误差	测量仪表绝对误差与测量范围上限值或量程满刻度 X_m 之比	$r_I = \dfrac{\Delta X}{X_m} \times 100\%$	通常,国家标准规定用最大引用误差定义仪器仪表的精度等级 S。仪器仪表的精度等级分为 0.1、0.2、0.5、1.0、1.5、2.5、5.0 七级

【例1.1】 测量一个约80V的电压,现有两块电压表：一块量程300V、0.5级,另一块量程100V、1.0级。问选用哪一块为好？

解：300V、0.5级表,其示值相对误差为

$$r_X \leqslant \frac{S\% \times X_m}{X} = \frac{0.5\% \times 300}{80} \approx 1.88\%$$

100V、1.0级表,其示值相对误差为

$$r_X \leqslant \frac{S\% \times X_m}{X} = \frac{1\% \times 100}{80} \approx 1.25\%$$

可见由于仪表量程的原因,选用1.0级表测量的精度比选用0.5级表为高。故选用100V、1.0级表为好。

由上题可知,在选用仪表时,应根据被测量值的大小,在满足被测量范围的前提下,尽可

能选择量程小的仪表,并使测量值大于所选仪表满刻度的 2/3,这样既可以达到满足测量误差的要求,又可以选择精度等级较低的测量仪表。另外,当计算所得的最大引用误差与仪表的精度等级的分挡不等时,应取比其稍大的精度等级值。例如计算的 $S=2.0$,则选用 1.5级的仪表。

2. 按性质分类

测量误差一般按其性质分为系统误差、随机误差和粗大误差。其描述如表 1.8 所示。

表 1.8　测量误差性质的分类

名　　称	定　　义	来　　源
系统误差	在同一测量条件下,多次测量同一量值时绝对值和符号保持不变,或在测量条件改变时按照一定规律变化的误差	系统误差包括测量设备的基本误差、偏离额定工作条件所产生的附加误差、测量方法理论不完善所带来的方法误差及试验人员测量素质不高产生的人员误差。系统误差的出现是有规律、易掌握的,可采取适当的措施加以修正或消除
随机误差	在同一测量条件下,多次测量同一量值时绝对值和符号以不可确定的方式变化	通常是多种因素造成的许多微小误差的综合。随机误差不能用试验方法消除或修正。但是在多次重复测量时,随机误差的统计特性大多服从正态分布
粗大误差	一种明显歪曲试验结果的误差	主要是由于操作不当、疏忽大意、环境条件突然变化所造成的。粗大误差根据检验方法的某些准则判断是否剔除

1.3.3　测量误差减小的方法

1. 系统误差的减小方法

1) 从产生系统误差的根源上采取措施

所采用的测量方法及其原理应当是正确的,所选用仪器仪表性能等满足使用要求;仪器的使用条件和方法应符合规定,如仪器仪表要定期校准;测量工作的环境(温度、湿度、气压、交流电源电压、电磁场干扰)要安排合适,必要时可采取稳压、散热、屏蔽等措施。同时,测量人员应提高测量技术水平,提高工作责任心,克服主观原因所造成的系统误差,必要时可选用数字式仪表代替指针式仪表,用打印设备代替手抄数据等措施。

2) 修正法

预先将仪器仪表的系统误差检定出来,作为修正值加入测量结果中,从而达到消除或减弱系统误差的目的。

3) 特殊的测量方法

系统误差的特点是大小、方向恒定不变,具有预见性。因此,可采用特殊的测量方法,如替代法、零示法、正负误差补偿法等。

2. 随机误差的减小方法

当系统误差采取措施减小或消除后,如果测量数据仍然有不稳定现象,说明存在随机误差。根据随机误差的特点，即有界性、单峰性、对称性以及抵偿性，通过多次测量，采用概率数理统计的方法研究其规律、处理测量数据。通常，以测量值的算术平均值和均方根误差（亦称标准误差或标准偏差）作为评价指标。

在实际测量中，通常用算术平均值 $\overline{X}$ 代替真值，通过残余误差（简称残差）获取标准误差。所谓残差是指测量值与该被测量的算术平均值之差，用 v_i 表示，即 $v_i = X_i - \overline{X}$。

若对某个被测量进行 n 次等精度测量（通常在 $n \geqslant 15$ 次时），则标准误差为

$$\sigma = \sqrt{\frac{1}{n}\sum_{i=1}^{n} v_i^2}$$

若对某个被测量进行 n 次等精度测量（通常在 $n < 15$ 次时），则标准误差为

$$\sigma = \sqrt{\frac{1}{n-1}\sum_{i=1}^{n} v_i^2}$$

该式亦称为贝塞尔（Bessel）公式。

3. 粗大误差的剔除方法

在一批测量数据中，如果发现有异常数据（有粗大误差），必须剔除这些坏值。对异常数据的处理，往往采取物理判别和统计判别两种方法。

物理判别法：在测量过程中，人们根据常识和经验，判别由于振动、误读等原因所造成的坏值，随时发现，随时剔除。

统计判别法：给定一个置信概率（如 0.99），并确定一个置信限，凡是超过此限的误差，就认为不属于随机误差范围，属于坏值，应予以剔除。

当然，特定条件下进行试验测量的随机波动性，致使测量数据有一定的分散性。如果人为地丢掉一些误差较大、不属于异常的数据，会造成虚假的"高精度"，这也是不正确的。

【例 1.2】 对一液体测量温度 11 次，所得数据如表 1.9 所示。求被测液体的温度。

表 1.9　液体温度测量记录表

n	1	2	3	4	5	6	7	8	9	10	11
$t_i/℃$	20.72	20.75	20.65	20.71	20.62	20.45	20.62	20.70	20.67	20.73	20.74

解：（1）计算 11 次测量数据的算术平均值 $\overline{t}$。

$$\overline{t} = \frac{227.36}{11} = 20.669℃$$

（2）检查残差求和，判断是否满足为 0 时的条件。

计算每个残差 v_i，如表 1.10 所示，经计算 $\sum_{i=1}^{n} v_i = 0.133 \neq 0$。不满足条件，说明测量数据中含有除随机误差之外的其他误差。

表 1.10　残差计算记录表

n	1	2	3	4	5	6	7	8	9	10	11
$v_i/℃$	0.051	0.081	−0.019	0.041	−0.049	−0.219	−0.049	0.031	0.001	0061	0.071
$v_i^2/℃^2$	0.0026	0.0066	0.0004	0.0017	0.0024	0.0479	0.0024	0.0010	0.000	0.0037	0.0050

（3）计算标准偏差 σ。

计算每个残差的 v_i^2，如表 1.10 中，求得 $\sum\limits_{i=1}^{n} v_i^2 = 0.0737$，则

$$\sigma = \sqrt{\frac{1}{n-1}\sum_{i=1}^{n} v_i^2} = 0.086$$

（4）检查有无粗大误差，即若有残差超过 $\pm 3\sigma$，则剔除该 t_i，然后从（1）开始重复上述步骤，直到无粗大误差为止。

由于 $3\sigma = 3 \times 0.086 = 0.259$℃，没有残差大于 3σ 的值，说明这组测量数据中无粗大误差。

（5）计算算术平均值的标准偏差 $\bar{\sigma}$。

$$\bar{\sigma} = \frac{\sigma}{\sqrt{n}} = 0.026\ ℃$$

（6）写出计算结果。

$$t_0 = \bar{t} \pm 3\bar{\sigma} = 20.699℃ \pm 0.078℃(99.7\%)$$

1.4　测试基本原理及过程

在工程测试中，要测试的信号往往是一些非电量的物理量，如位移、速度、加速度、力、力矩、功率、压力、流量、温度、重量、振动、噪声等。工程中普遍使用的测量方法是电测法，即将非电量先转换为电量，然后用各种电测仪表和装置乃至计算机对电信号进行处理和分析。电量分为电能量和电参量，如电流、电压、电场强度和电功率属于电能量；电阻、电容、电感、频率、相位属于电参量。由于电参量不具有能量，在测试过程中还要将其进一步转换为电能量。电测法具有测试范围广、精度高、灵敏度高、响应速度快等优点，特别适于动态测试。一个典型非电量电测法测量过程如图 1.2 所示。

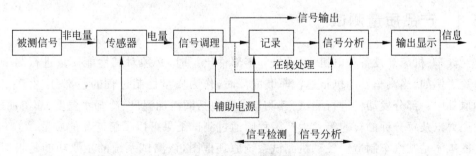

图 1.2　典型非电量电测法测量过程

由图 1.2 可知，传感器是测试系统的第一个环节，其主要作用是感知被测的非电量（如压力、加速度、温度等），并将其转换为电量。传感器输出的电信号经过信号调理电路（中间变换装置）加工处理，例如衰减、放大、调制与解调、滤波和数字化处理等，其输出的测量结果是被测信号的真实记录。被测量的变化过程，可以用示波器、记录仪、显示器、打印机等输出

装置显示和记录，也可以用记录仪或计算机存储被测信号，以便反复使用。至此，测试系统完成信号检测的任务。如果要从这些客观记录的信号中找出反映被测对象的本质规律，必须对信号进行分析和处理，从中提取有用的信息，如频谱信息、相关分析等，因此，信号分析是测试系统更为重要的一个环节。将调理电路输出的信号直接送到信号分析设备中进行处理，称为"在线处理"，并以数据或图像的形式通过输出显示装置进行显示。

例如，车刀磨损的在线检测如图1.3所示。通过检测切削温度、切削力以及振动速度的变化判断刀具磨损量，即：①寻找能表现某一物理现象的信号；②从这些信号中挑选最合适的信号；③将信号采集存储或显示；④确定该信号与某一物理现象之间的关系。

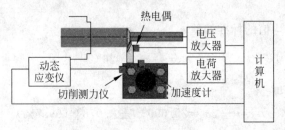

图 1.3　车刀磨损检测

1.5　测试技术的典型应用

在工程技术领域，工程研究、产品开发、生产监督、质量控制和性能试验等，都离不开测试技术。在各种现代装备系统的设计与制作中，测试成本已达到该装备系统总成本的 50%～70%，测试技术已成为控制和改进产品质量、保证设备安全运行以及提高生产效率、降低成本等必不可少的重要技术手段。下面介绍测试技术的几个典型的应用。

1.5.1　产品质量测试

在汽车、机床等设备和电机、发动机等零部件出厂时，必须对其性能质量进行测量和出厂检验。例如，当汽车发动机抵达汽车装配厂时，作为质量控制过程的一部分，生产工程师将抽取其中一部分发动机进行测试，其测量参数包括润滑油温度、冷却水温度、润滑油压力、燃油压力以及每分钟的转速等。生产工程师通过测试结果可以了解产品的质量。

图1.4是某汽车制造厂发动机测试系统原理框图，该测试系统的主要功能是根据测试数据、测试计划、测量、数据分析和报表进行自动决策。该测试系统以研华 IPC-622 工控机作为网络服务器，在发动机点火测试区安装 18 个测试点，每个测试点执行相同的功能。每个测试点由研华 IPC-6806P 工控机、ADAM-4520 转换器和 ADAM-5000/485 分布式数据采集和控制系统组成，测点之间通过以太网连接，从而使得测试信息可以被管理人员所使用。ADAM-5000 输入输出模块和硬件连接在一起，进行数据采集；ADAM-4520 转换器将来自 ADAM-5000 系列的 RS-485 信号转换成 RS-232 信号传送到控制站。

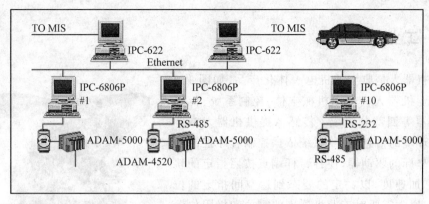

图 1.4 汽车制造厂发动机测试系统原理框图

1.5.2 设备运行状态监控系统

在电力、冶金、石化、化工等众多行业中,某些关键设备或机组的工作状态,如汽轮机、燃气轮机、水轮机、发电机、电机、压缩机、风机、泵、变速箱等关系到整个生产线正常流程。对这些关键设备或机组运行状态进行 24 小时实时动态监测,及时、准确地掌握其变化趋势,为工程技术人员提供详细、全面的机组信息。由于机组大部分故障是渐进式发展过程,国内外大量实践表明,机组某些重要测点的振动信号能真实地反映机组的运行状态,通过监测振动总量级的变化过程,可以预测设备故障的发生。同时,结合其他综合监测信息,如温度、压力等,运用精密故障诊断技术可以分析出故障发生的位置,为设备维修提供可靠依据,从而实现设备事后维修或定期维修向预测维修转变。图 1.5 所示为某公司二号变电所电力监控系统。

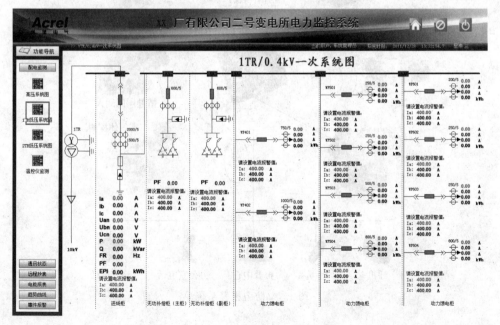

图 1.5 电力监控系统

1.5.3　工业机器人

工业机器人是典型的机电一体化产品,如图 1.6 所示。工业机器人一般由机械本体、控制系统、传感器和驱动器等四部分组成。传感器提供机器人本体或其所处环境的信息,控制系统依据控制程序控制各关节运动坐标的驱动器,使各臂杆端点按照指定的轨迹、速度和加速度,以一定的姿态到达空间指定的位置。因此,通常需要对工业机器人的零位和极限位置进行检测。零位检测精度直接影响工业机器人的重复定位精度和轨迹精度;极限位置的检测则是保护工业机器人。

图 1.6　工业机器人

1.5.4　智能建筑

智能建筑是未来建筑的一种必然趋势。智能建筑将建筑物(或建筑群)内的消防、安全、防盗、电力系统、照明、卫生、电梯等设备进行集中监视、控制和管理,使建筑物成为安全、舒适、健康的生活环境和高效的工作环境。防盗报警系统如图 1.7 所示。

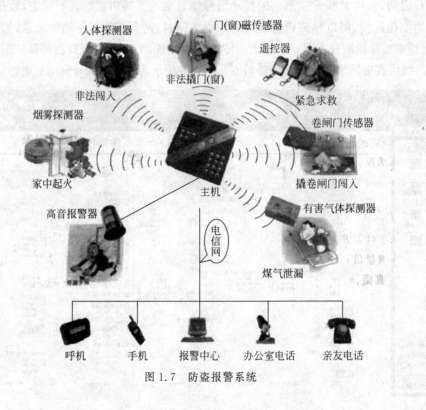

图 1.7　防盗报警系统

1.6 测试技术的发展趋势

测试技术伴随着现代技术的进步,总是从其他关联学科吸取营养而得以发展。科学技术的发展历史表明,一方面,科学上很多新的发现和突破都是以测试为基础的;另一方面,科学技术的发展和进步不断对测试技术提出新的要求,各学科领域的新成就为测试提供了新的方法和装备,推动测试技术的发展。

目前,综合国内外的发展动态,测试技术的发展趋势是在不断提高灵敏度、精度和可靠性的基础上,主要向微型化或大型化、非接触化、多功能化、人机交互形式多样化、智能化和网络化方向发展。

1.6.1 传感器技术的发展

传感器是信息的源头,传感技术是测试技术的关键内容之一,当今传感器开发中有以下两方面的发展趋势。

(1)物性型传感器的开发。早期发展的传感器是利用物理学的电场、磁场或力场等定律构成的"结构性"传感器。物性型传感器是依据机敏材料本身的物性随被测量的变化来实现信号转换的装置。这类传感器的开发实质上是新材料的开发。目前,应用于传感器开发的机敏材料主要有声发材料、电感材料、光纤及磁致伸缩材料、压电材料、形状记忆材料、电阻应变材料和 X 感光材料等。例如,新型光纤温度传感器如图 1.8 所示。

(2)集成化、微型化、智能化传感器的开发。随着微电子学、微细加工技术的发展,出现了多种形式集成化和微型化的传感器。这类传感器将测量电路、微处理器与传感器集成一体,具有智能化功能,即可同时进行多种参数测量,能自动选择量程和增益、自动校准与实时校准、非线性校正、漂移等误差补偿和复杂的计算处理,完成自动故障监控和过载保护等。图 1.9 为 HP 公司生产的加速度信号测量传感器芯片。

图 1.8 新型光纤温度传感器　　　　图 1.9 加速度信号测量传感器芯片(HP 公司)

1.6.2 多功能化、网络化仪器系统

测试技术与计算机的深层次结合,产生了全新的测试仪器概念和结构。虚拟仪器就是在此背景下开发出来的新一代仪器,即在以计算机为核心组成的硬件平台上,调用不同的测

试软件就可构成不同的虚拟仪器,完成不同功能的测试任务,可方便地将多种测试功能集于一体,实现多功能仪器,从而有效增加测试系统的柔性,降低测量工作的成本,达到不同层次、不同目标的测试。

随着网络技术的普及和发展,测试仪器系统进一步实现网络化,不但实现对测试系统的远程操作与控制,而且还可以把测试结果通过网络显示在 Web 浏览器中,以实现测试系统资源和数据的共享,仪器资源得到很大的延伸,其性价比将获得更大的提高。图 1.10 为典型的网络化测试系统。

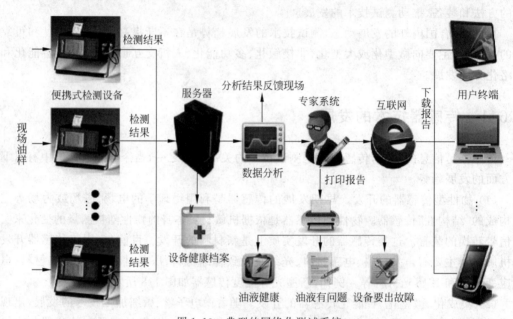

图 1.10　典型的网络化测试系统

1.6.3　新型信息处理方法

新型信息处理技术是解决测量过程中信息获取的方法。目前信号分析处理的发展目标为：①在线实时能力的进一步提高；②分辨力和运算精度的提高；③扩大和发展新的专用功能。如美国得州仪器公司推出的 TMS320C25 芯片,运算速度达 1000 万次/s,用其进行 1024 复数点 FFT 运算,只需 14ms 便可完成。

1.7　课程的性质和任务

本课程是一门专业技术基础课,具有很强的实践性,在学习过程中应该密切联系实际,加强试验,真正掌握有关理论。通过本课程的学习,学生能合理地选用传感器和测试仪器、配置测试系统,初步掌握进行动态测试所需要的基本知识和技能,为进一步学习、研究和处理工程技术问题打下基础。

学生在学完本课程后应具有以下知识和技能：

（1）对工程测试工作有一个比较完整的概念和思路，对工程测试系统及其各个环节有一个比较清晰的认识，掌握测试系统基本特性的评价方法和不失真测试条件，并能正确地进行测试系统的分析和选择。

（2）了解常用传感器的基本原理和应用状况，能较合理地选用。

（3）掌握信号调理方法的原理及应用。

（4）掌握信号的时域和频域的分析方法以及数字信号分析中一些最基本的概念和方法。

（5）能根据工程中某些参数的测试要求，设计测试方案，分析和处理测试信号以及处理实际测试工作。

小　　结

人类从事的社会生产、经济交往和科学研究活动与测试技术息息相关。许多新的科学发现与技术发明往往是以测试技术的发展为基础的，因此，测试技术能达到的水平，在很大程度上决定了科学技术发展水平。测试工作是一件非常复杂的工作，需要多种科学知识的综合运用。本章主要内容如下：

（1）测试的含义。测试是具有试验性质的测量，是测量和试验的综合。

（2）非电量电测法工作过程。

（3）测试技术的发展动态。

习　　题

1. 举例说明什么是测试？

2. 测试技术的发展动向是什么？

3. 分析计算机技术的发展对测试技术发展的作用。

4. 分析说明信号检测与信号处理的相互关系。

5. 测量约 90V 的电压，试验室现有 0.5 级 0.300V 和 1.0 级 0.100V 的电压表。选用哪一种电压表进行测量更好？

6. 用量限为 5A、精度为 0.5 级的电流表分别测量两个电流，$I_1 = 5A$，$I_2 = 2.5A$，试求测量的 I_1 和 I_2 相对误差为多少？

7. 使用某测厚仪对钢板的厚度进行 16 次等精度测量，所得数据如表 1.11 所示。试求钢板厚度。

表 1.11　钢板厚度测量记录表

n	1	2	3	4	5	6	7	8	9	10	11	12	13	14	15	16
x_i/mm	39.44	39.27	39.94	39.44	39.91	39.69	39.48	40.55	39.78	39.68	39.35	39.71	39.46	40.12	39.76	39.39

第 2 章

测试系统的基本特性

引例

为了获得被测对象的有关信息,在整个测试过程中需要借助专门的装置和仪器,通过合适的测试手段和必要的数学处理方法,获得被测对象的相关信息。图 2.1 为电子健康秤,请思考电子健康秤由哪些部分组成? 如何根据实际情况完成健康秤测试系统的设计? 在测试系统设计中要注意哪些事项?

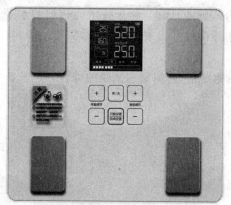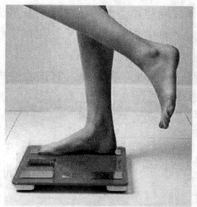

图 2.1　电子健康秤

2.1　测试系统概述

2.1.1　测试系统基本概念

在各种现代装备系统的设计和制造工作中,测试系统的成本已达到该装备系统总成本的 $50\% \sim 70\%$,测试工作已成为保证现代工程装备系统实际性能指标和正常工作的重要手段,是其先进性和实用性的重要标志。

测试系统是指为完成某种物理量的测量而由具有某种或多种变换特性的物理装置构成的总体。典型的测试系统如图 1.2 所示。

根据测试的内容、目的和要求等不同,测试系统的组成可能会有很大差别。例如,简单的温度测试装置只需要一个液柱式温度计,如图 2.2 所示；测量轴承振动信号的测试系统复杂得多,如图 2.3 所示。该测试系统利用振动加速度计将机床轴承振动信号转换为电信号,通过带通滤波器滤除传感器测量信号中的高、低频干扰信号,调理后的信号经 A/D 变换转换为数字信号并进行 FFT 变换(快速傅里叶变换),计算出信号的频谱并由计算机显示器对频谱进行显示。

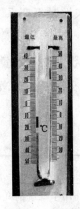

图 2.2　液柱式
温度计

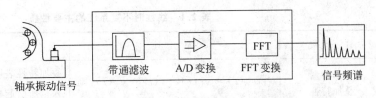

图 2.3　轴承振动信号的测试系统

　　另外,构成测试系统的物理装置的物理性质不同,会使具有相同功能的装置具有不同的特性。例如,弹簧秤不能称快速变化的重量值,而具有比例放大功能的电子放大器构成的测量系统可以检测快速变化的物理量。这种差异是由于构成两种测量系统的物理装置的物理结构性质不同造成的。

　　因此,这种由测试装置自身的物理结构所决定的测试系统对信号传递变换的影响特性称为"测试系统的传递特性",简称"系统的传递特性"或"系统的特性"。

　　在测试中,测试系统的输出 $y(t)$ 能否正确地反映输入量 $x(t)$,与测试系统本身的特性有密切关系。所以只有确知测试系统的特性,才能从测试结果中正确评价被测对象的特性或运行状态。测试系统与输入/输出量之间的关系如图 2.4 所示。

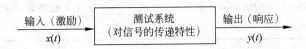

图 2.4　测试系统特性与输入/输出关系

2.1.2　理想测试系统——线性时不变系统

　　对于测试系统,希望最终观察到的输出信号能确切地反映被测量,即理想的测试系统应该具有单值的、确定的输入/输出关系,而且输出与输入之间以线性关系为最佳。

测试系统的输入 $x(t)$ 和输出 $y(t)$ 之间用常系数线性微分方程描述，即

$$a_n \frac{\mathrm{d}^n y(t)}{\mathrm{d}t^n} + a_{n-1} \frac{\mathrm{d}^{n-1} y(t)}{\mathrm{d}t^{n-1}} + \cdots + a_1 \frac{\mathrm{d}y(t)}{\mathrm{d}t} + a_0 y(t)$$

$$= b_m \frac{\mathrm{d}^m x(t)}{\mathrm{d}t^m} + b_{m-1} \frac{\mathrm{d}^{m-1} x(t)}{\mathrm{d}t^{m-1}} + \cdots + b_1 \frac{\mathrm{d}x(t)}{\mathrm{d}t} + b_0 x(t) \tag{2-1}$$

式中，系数 $a_n, a_{n-1}, \cdots, a_1, a_0$ 和 $b_m, b_{m-1}, \cdots, b_1, b_0$ 均为常数，则称为线性时不变系统（定常系统）。一般在工程中使用的测试装置都是线性时不变系统。

线性时不变系统的主要性质如表 2.1 所示。线性系统的这些特性在测量中具有重要作用。例如，在稳态正弦激振试验时，响应信号中只有与激励频率相同的成分才是由该激励引起的振动，而其他频率成分皆为干扰噪声，应予以剔除。

表 2.1   线性时不变系统的主要性质

性　质	描　述	说　明
叠加特性	若 $x_1(t) \rightarrow y_1(t)$, $x_2(t) \rightarrow y_2(t)$，则 $[x_1(t) \pm x_2(t)] \rightarrow [y_1(t) \pm y_2(t)]$	叠加特性表明同时作用于系统的几个输入量所引起的特性，等于各个输入量单独作用时引起的输出之和
比例特性	若 $x(t) \rightarrow y(t)$，则对于任意常数 a 有 $ax(t) \rightarrow ay(t)$	比例特性又称均匀性或齐次性，它表明当输入增加时，其输出也以输入增加的同样比例增加
微分特性	若 $x(t) \rightarrow y(t)$，则 $\dfrac{\mathrm{d}x(t)}{\mathrm{d}t} \rightarrow \dfrac{\mathrm{d}y(t)}{\mathrm{d}t}$	微分特性表明，系统对输入微分的响应等同于对原信号输出的微分
积分特性	若 $x(t) \rightarrow y(t)$，则 $\displaystyle\int_0^t x(t)\mathrm{d}t \rightarrow \int_0^t y(t)\mathrm{d}t$	积分特性表明，如果系统的初始状态为零，则系统对输入积分的响应等同于原输入响应的积分
频率不变性	若 $x(t) \rightarrow y(t)$, $x(t) = A\cos(\omega t + \varphi_x)$，则 $y(t) = B\cos(\omega t + \varphi_y)$	频率不变性又称频率保持性，它表明若系统的输入为某一频率的谐波信号，则系统的稳态输出将为同一频率的谐波信号

2.2   测试系统的静态特性

2.2.1   静态传递方程

工程测试总是希望测试系统的测出信号能不失真地反映被测信号，满足这一要求取决

于测试系统的传输特性。为评定测试装置传输特性,从静态特性和动态特性两个方面对测试系统提出性能指标要求。

测试系统的静态特性是指当输入信号为不变或缓变信号时,输出与输入之间的关系。测试系统处于静态测试时,输入和输出的各阶导数均为零,式(2-1)演变为

$$y(t) = \frac{b_0}{a_0} x(t) \tag{2-2}$$

式(2-2)是常系数线性微分方程的特例,称为测试系统的静态传递方程,简称静态方程。

【例 2.1】　某测试系统的量程为 0~300℃,输出信号为直流电压 1~5V。当温度 $T = 150℃$,输出电压 $U_0 = 3.004V$ 时,求:

(1) 该测试系统理想的静态特征方程式。

(2) 该测试系统在温度 $T = 150℃$ 时,输出的绝对误差。

解:(1) 该测试系统理想的静态特性是一个线性方程,即

$$\frac{U-1}{T-0} = \frac{5-1}{300-0}$$

整理上式得

$$U = \frac{1}{75} T + 1$$

将 $T = 150℃$ 代入,得到其输出的真值为

$$U = \frac{1}{75} \times 150 + 1$$
$$= 3(V)$$

(2) 该温度点输出的绝对误差为

$$\Delta U = U_0 - U$$
$$= 3.004 - 3$$
$$= 0.004(V)$$

2.2.2　测试系统静态特性参数

表征测试系统静态特性的主要定量指标有灵敏度、线性度、回程误差、重复性、分辨率、漂移、量程、测量范围、精确度、死区和稳定性等,其具体描述如表 2.2 所示。

【例 2.2】　某位移传感器在位移变化 1mm 时,输出电压变化 300mV,则该传感器的灵敏度为多少?

解:传感器的灵敏度为 $S = 300mV/mm$。

【例 2.3】　表 2.3 为两种条件下电压表测量输出。

表 2.2　测试系统静态特性参数

参数名称	参数表示	参数例图	参数表征特性及说明
灵敏度 (sensitivity)	测试系统在稳态条件下，输出量的变化 Δy 和与之相对应的输入量的变化 Δx 的比值，即 $$S = \frac{\Delta y}{\Delta x}$$ 理想测试系统输入/输出特性为线性关系，则有 $$S = \frac{\Delta y}{\Delta x} = \frac{y}{x} = \frac{b_0}{a_0} = 常数$$	（图：纵轴 y（输出），横轴 x（输入）；标出"拟合直线""标定曲线"，Δy、y_2、y_1、x_2、Δx、x_1，原点 O）	① 灵敏度表征测试系统对输入信号变化的一种反应能力。 ② 对输入、输出量纲相同的测量系统，灵敏度常称为"放大倍数"或"增益"。对于带有指针和刻度盘的测量装置，灵敏度可理解为单位输入变量所引起的指针偏转角度或位移。 ③ 在选择测试系统的灵敏度时，要充分考虑其合理性。系统的灵敏度越高，则其测量范围越窄，越容易受外界干扰的影响，稳定性也越差。
线性度 (Linearity)	在测试系统的全量程范围内，标定曲线偏离拟合直线的最大偏差 B_{max} 与满量程输出值 A 的百分比，即 $$\gamma_L = \frac{B_{max}}{A} \times 100\%$$	（图：纵轴 y，横轴 x（输入）；标出"拟合直线""标定曲线"，B_i、y_i、y_0、x_i、"测量范围"，原点 O）	① 线性度表征测试系统实际输入-输出特性曲线与理想的输入-输出特性曲线接近或偏离程度。 ② 在静态测试中，通常用试验的方法获取系统的输入-输出关系曲线，称为"标定曲线"。由标定曲线采用拟合方法得到的输入-输出间的线性关系，称为"拟合直线"，常用的拟合方法有最小二乘法。 ③ 为了保证测试系统的准确可靠，要求测试系统的线性度要好。线性度是一个综合性参数，重复性和迟滞等误差也能反映在线性度上

续表

参数名称	参数表示	参数例图	参数表征特性及说明
回程误差 (Hysteresis)	亦称迟滞量或空程量。在测试系统的全量程范围内，同一个输入量所对应的正反行程两个输出量之间的最大差值 ($h_{max}=y_{2i}-y_{1i}$) 与满量程输出值 A 的百分比，即 $$\gamma_H=\frac{h_{max}}{A}\times100\%$$		① 回程误差表征在相同测试条件下，输入量递增变化中的标定曲线和递减变化中的标定曲线不一致的程度。 ② 回程误差由摩擦、间隙、敏感材料的物理特性以及机械零件的缺陷或电气材料的滞后特性引起。也反映着仪器的不工作区(又称死区)的存在。所谓不工作区就是输入变化对输出无影响的范围。
重复性 (repeatability)	在测试系统的全量程范围内，一般用正或反行程最大偏差 Δ_{max} 与满量程输出行程 A 的百分比表示，即 $$\gamma_R=\frac{\Delta_{max}}{A}\times100\%$$		① 重复性表征在相同的测试条件下，对同一被测量按同一方向作全量程多次(3次以上)测量时，其测量结果的接近程度。如果多次测量得到的曲线越重合，则重复性越好。 ② 重复性还可用来表示性能，在这个意义上，重复性与稳定性是一致的。 ③ 重复性反映了系统的随机误差
分辨率 (resolution)	亦称为灵敏限。在测试系统的全量程范围内，输入信号的最小变化值 Δx 与值 A 的百分比，即 $$\delta=\frac{\Delta x}{A}\times100\%$$		① 分辨率表征测试系统能检测到的输入信号的最小变化的能力。测试系统的分辨率越高，表示所能检测到的输入变量越小。 ② 如果不考虑迟滞等因素影响，分辨率就是敏感度的倒数。灵敏度与分辨率之间是相互矛盾的。如果分辨率过高，信号波动过大。因此，在测试系统的设计与构建中需要视情况进行取舍。 ③ 对于数字式测试系统，其分辨率是其输出显示系统的最后一位所代表的输入量；对于模拟式测试系统，一般用输出指示器所代表的最小分度值的一半所代表的输入量表示

续表

参数名称	参数表示	参数例图	参数表征特性及说明
漂移 (drift)	测试系统的输入未发生变化时,其输出产生变化的现象 零点漂移:输入为零时,输出离开原始零点,且随时间变化而变化的现象 灵敏度漂移:由元器件性质的不稳定引起的输入-输出关系(斜率)产生变化		① 产生漂移的原因:一是仪器自身结构参数的变化,二是周围环境的变化(如温度、湿度等)对输出的影响。 ② 零点漂移或灵敏度漂移可分为时间漂移和温度漂移。时间漂移是指在规定的条件下,零点或灵敏度随时间的缓慢变化。温度漂移为环境温度变化而引起的零点或灵敏度的漂移。 ③ 漂移导致的误差,通常只考虑零点漂移之和,一般只考虑零点漂移。 ④ 减小零点漂移影响的有效措施是按照仪器使用说明书的规定,开机预热一定的时间后再进行仪器的调零和测量
测量范围 (measuring range)	指测试系统的输入量与最大输入量之间的范围		选用测试装置时,应使其量程与被测量的大小相适应,最好是被测量接近满量程,至少也要在满量程的 $1/3$ 以上
量程 (span)	测试系统示值范围的上限值与下限值之差		

续表

参数名称	参数表示	参数例图	参数表征特性及说明
精确度 (accuracy)	测试系统所反映的测量结果和被测量参量的真值相符合的程度。通常用精度等级表示,即 $$精度等级 = \frac{\Delta_{max}}{A} \times 100\%$$ 式中,Δ_{max} 为满量程内的最大可能误差;A 为满量程		① 精确度包含精密度和正确度两个部分。精密度表示多次重复测量性或分散性大小的程度。精密度或重复性反映此彼此之间的误差性大小。随机误差越小,测量值越密集,重复性越好,精密度越高。正确度表示多次重复测量中,测量平均值与真值接近的程度。正确度反映系统的误差,系统误差越小,测量平均值越接近真值,正确度越高。 ② 精确度综合反映系统误差和随机误差 正确度　精密度
死区 (dead space)	当测试系统的输入发生变化时,其输出尚未建立的现象		死区是产生非线性的重要因素。在任任随机械构件运动的突跳、爬行现象,以反元器件的饱和现象发生,如传动齿轮的齿隙
稳定性 (stability)	通常用测试系统示值的变化量与时值的比值表示		稳定性表征测试系统在规定工作条件范围和时间内,保持输入信号不变时,系统性能保持不变的能力

表 2.3   两种条件下电压表测量输出

校准温度为 20℃ 的电压读数/V	校准温度为 50℃ 的电压读数/V
10.2	10.5
20.3	20.6
30.7	40.0
40.8	50.1

假设在 20℃ 环境中使用时的测量值是正确的，求在 50℃ 中使用时的零点漂移，并计算零点漂移系数。

解：50℃ 时的零点漂移是 50℃ 的读数与 20℃ 的读数之间的恒定差，即 0.3V。零点漂移系数为

$$\frac{0.3}{50-20} = 0.01(\text{V/℃})$$

【**例 2.4**】   某测试系统的量程为 6，在相同的测试条件下得到如表 2.4 所示测试数据。该测试系统的回程误差是多少？

表 2.4   测试数据列表

x	1	2	3	4	5	6	7	8	9
y	0.5	0.6	0.8	1.1	1.2	1.9	2.7	3.6	5.2
x	8	7	6	5	4	3	2	1	
y	4.9	4.6	4.3	4	3.5	3.2	2.7	1.8	

解：根据表 2.4 画出图 2.5。

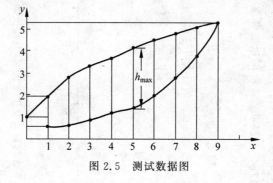

图 2.5   测试数据图

由图 2.5 所示，$h_{\max} = 2.8$。

则该测试系统的回程误差为

$$\gamma_{\text{H}} = \frac{2.8}{6} \times 100\% = 46.6\%$$

2.3　测试系统的动态特性

2.3.1　系统描述方法

测试系统的动态特性是指输入量随时间快速变化时,系统的输出随输入而变化的关系。在对动态物理量进行测试时,测试系统的输出变化是否能真实地反映输入变化,取决于测试系统的动态响应特性。

例如,1849 年,列队的士兵以整齐的步伐通过法国西部昂热市的曼恩河上的大桥时,桥身突然发生断裂,导致 266 人落水死于非命。其原因是由于军队齐步过桥时,使桥发生共振,这是在桥梁设计过程中对桥梁的频率响应了解不够造成的。为了避免发生破坏性的共振,世界各国都有一条不成文的规定:大队人马要便步过桥。在建造铁路桥梁时,绝对不能让桥梁的固有频率与车轮撞击铁轨的振动频率相近。因此,在进行动态测试时,必须清楚了解其动态特性,尤其是在测试系统工作的频率范围。

系统的动态响应特性一般通过描述系统传递函数、频率响应函数以及脉冲响应函数等数学模型来进行研究。如表 2.5 所示,在这些描述方法中,$h(t)$ 是在时域中通过瞬态响应过程来描述系统的动态特性;频率响应 $H(j\omega)$ 是在频域中通过对不同频率的正弦激励,以在稳定状态下的系统响应特性描述系统的动态特性;传递函数 $H(s)$ 描述系统的特性则具有普遍意义,既反映了系统响应的稳态过程,也反映了其过渡过程。

应当注意传递函数的局限性及适用范围。传递函数是从拉普拉斯变换导出的,拉普拉斯变换是一种线性变换,因此传递函数只适用于描述线性定常系统,同时,传递函数是在零初始条件下定义的,所以它不能反映非零初始条件下系统的自由响应运动规律。

2.3.2　测试系统动态特性参数测试

测试系统的动态特性参数测试相对于静态特性参数测试要复杂一些。测试系统受到激励后,其动态特性才表现出来。因此,在测试系统的动态特性参数时,一般以标准信号,如正弦信号、阶跃信号等作为输入信号,用试验的方法获得输出-输入特性曲线,进而获得系统的相关动态特性参数。

对于一阶系统,其主要动态特性参数为时间常数 τ;对于二阶系统,其主要动态特性参数为阻尼比 ξ 和固有频率 ω_n。常用的动态特性参数测试方法主要有频率响应法和阶跃响应法。

1. 频率响应法

频率响应法是对系统输入不同频率、幅值不变的已知正弦激励信号,在系统的输出达到稳态后,分别记录测量输出与输入的幅值比和相位差,获得系统的幅频和相频特性曲线,继而求得系统动态特性参数。这种方法的实质是一种稳态响应法,即通过输出信号的稳态响应获取系统的动态特性。常见测试系统频率特性如表 2.6 所示。

表 2.5　测试系统动态特性描述方法

描述方法	定义	说明
传递函数	当线性系统的初始条件为零，其输入量及其各阶导数均为零，且测试系统的输出 $y(t)$ 在 $t>0$ 时均满足状态初始条件，则测定系统的输出 $Y(s)$ 与输入 $x(t)$ 的拉普拉斯变换 $X(s)$ 之比为系统的传递函数，并记为 $H(s)$。即 $$H(s) = \frac{Y(s)}{X(s)} = \frac{b_m \cdot s^m + b_{m-1} \cdot s^{m-1} + \cdots + b_1 \cdot s + b_0}{a_n \cdot s^n + a_{n-1} \cdot s^{n-1} + \cdots + a_1 \cdot s + a_0}$$ 式中，s 称为拉普拉斯算子；$a_n, a_{n-1}, \cdots, a_1, a_0$ 和 $b_m, b_{m-1}, \cdots, b_1, b_0$ 是由测试系统物理参数决定的常系数	① 传递函数与微分方程有直接联系，即是一一对应的关系。 ② 传递函数是从实际物理系统中抽象出来的，只反映原来物理系统（元件）的变化规律，不反映原来物理性质截然不同的系统（元件），可以具有相同形式的传递函数。 ③ 传递函数只与系统（元件）本身内部结构参数有关，而与输入信号无关。因此，传递函数只表征系统（元件）本身的特性。 ④ 系统的物理可实现性决定传递函数是 s 的有理真分式函数，即 $m \leqslant n$ 且所有系数均为实数
频率响应函数	令 $s=j\omega$，传递函数式变为 $$H(j\omega) = \frac{Y(j\omega)}{X(j\omega)} = \frac{b_m \cdot (j\omega)^m + b_{m-1} \cdot (j\omega)^{m-1} + \cdots + b_1 \cdot (j\omega) + b_0}{a_n \cdot (j\omega)^n + a_{n-1} \cdot (j\omega)^{n-1} + \cdots + a_1 \cdot (j\omega) + a_0}$$ 这种特殊形式的传递函数 $H(j\omega)$ 为系统的"频率特性"。 线性定常系统（或元件）的频率特性是指零初始条件下稳态输出正弦信号与输入正弦信号的复数比，即 $$H(j\omega) = \frac{Y(j\omega)}{X(j\omega)} = A(\omega)e^{j\varphi(\omega)}$$	① 频率特性函数的物理意义为：频率特性反映了系统的内在性质，即当系统结构参数给定时，频率特性随 ω 变换也随之确定。 ② $A(\omega)$ 称为幅频特性，即描述了系统输出信号与输入信号的幅值之比，即描述了系统（或元件）对不同频率的正弦输入信号在稳态情况下的放大（或衰减）特性。 ③ $\varphi(\omega)$ 称为相频特性，表示在稳态时，输出信号与输入信号的相位差，即描述了系统对不同频率的正弦输入信号在相位上产生的相角超前或滞后的特性。 ④ 幅频特性和相频特性总称为系统的频率特性
脉冲响应函数	如果线性系统的输入 $x(t)$ 为单位脉冲函数 $\delta(t)$，则该系统的输出为 $y_0(t) = h(t) * \delta(t) = h(t)$	$h(t)$ 为"单位脉冲响应函数"

表 2.6 常见测试系统频率特性

常见测试系统	频率特性描述	频率特性图
一阶系统	$H(\omega)=\dfrac{1}{j\omega\tau+1}=\dfrac{1}{1+(\omega\tau)^2}-j\dfrac{\omega\tau}{1+(\omega\tau)^2}$ $A(\omega)=\dfrac{1}{\sqrt{1+(\omega\tau)^2}}$ $\varphi(\omega)=-\arctan(\omega\tau)$ 式中，τ 为时间常数	(a) 幅频曲线 (b) 相频曲线
二阶系统	$H(\omega)=\dfrac{1}{1-\left(\dfrac{\omega}{\omega_n}\right)^2+2j\xi\left(\dfrac{\omega}{\omega_n}\right)}$ $A(\omega)=\dfrac{1}{\sqrt{\left[1-\left(\dfrac{\omega}{\omega_n}\right)^2\right]^2+\left[2\xi\left(\dfrac{\omega}{\omega_n}\right)\right]^2}}$ $\varphi(\omega)=-\arctan\dfrac{2\xi\left(\dfrac{\omega}{\omega_n}\right)}{1-\left(\dfrac{\omega}{\omega_n}\right)^2}$	(a) 幅频曲线 (b) 相频曲线

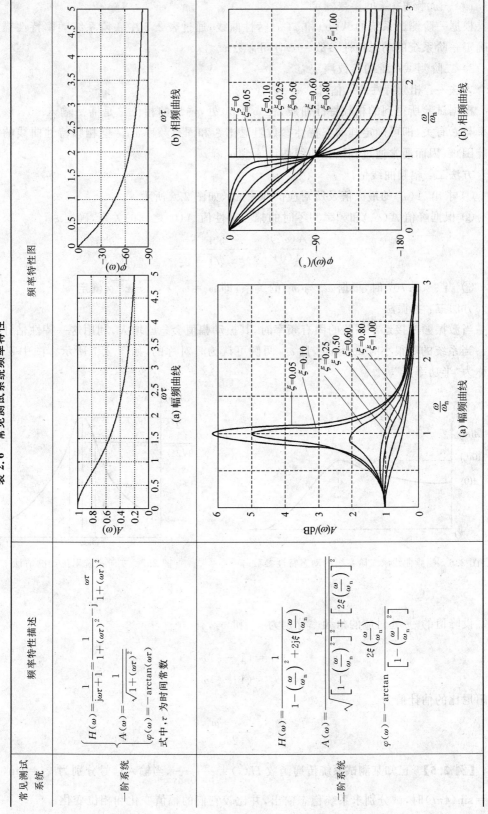

1）一阶测试系统的参数测定

根据一阶测试系统的 $A(\omega)$ 和 $\varphi(\omega)$ 特性曲线,通过表 2.5 中一阶系统频率特性描述公式确定一阶系统的动态特性参数——时间常数 τ。

2）二阶测试系统的参数测定

方法一:相频特性曲线估计

根据试验所得到的相频特性曲线,在 $\omega=\omega_n$ 处,输出的相位总是滞后输入 90°,该点的斜率与 ξ 有关,即可确定其动态特性参数阻尼比 ξ 和固有频率 ω_n。但相频特性曲线的测量比较困难,因而通常通过其幅频曲线估计 ξ 和 ω_n。

方法二:幅频曲线估计

① 求出 $A(\omega)$ 的最大值及所对应的频率 ω_r,如图 2.6 所示。

② 根据峰值 $A(\omega_r)$ 和频率为零时的幅频特性值 $A(0)$ 之间的关系,确定 ξ。

$$\frac{A(\omega_r)}{A(0)}=\frac{1}{2\xi \cdot \sqrt{1-2\xi^2}}$$

③ 当 $\xi<0.707$ 时,根据 ω_r 与 ω_n 的关系,即 $\omega_r=\omega_n \cdot \sqrt{1-2\xi^2}$,确定 ω_n。

方法三:共振法

当激振频率接近于系统的固有频率时,其振动幅值会急剧增大,利用这一特性估计 ξ 和 ω_n。当系统的 ξ 很小时,$\omega_r \approx \omega_n$,且 ω_n 两侧可认为是对称的,如图 2.7 所示。图中 a,b 两点称为"半功率点"。

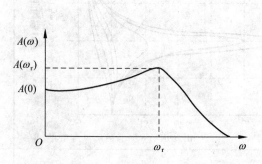

图 2.6　幅频曲线求二阶系统的动态特性参数

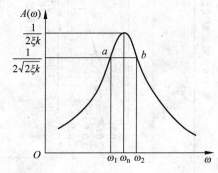

图 2.7　二阶系统阻尼比的估计

设峰值的 $\dfrac{1}{\sqrt{2}}$ 处对应的角频率分别为 ω_1 和 ω_2,有

$$\omega_1=(1-\xi)\omega_n$$
$$\omega_2=(1+\xi)\omega_n$$

则阻尼比的估计值为

$$\xi=\frac{\omega_2-\omega_1}{2\omega_n}$$

【例 2.5】 已知某测试系统传递函数 $H(s)=\dfrac{1}{1+0.5s}$,当输入信号分别为 $x_1=\sin(\pi t)$,$x_2=\sin(4\pi t)$ 时,试分别求系统稳态输出,并比较它们的幅值变化和相位变化。

解：令 $S=j\omega$，求得测试系统的频率响应函数为

$$H(f)=\frac{1}{1+j\times 0.5\times 2\pi f}=\frac{1-j\pi f}{1+\pi^2 f^2}$$

$$A(f)=\frac{1}{\sqrt{1+\pi^2 f^2}}$$

$$\varphi(f)=-\arctan(\pi f)$$

信号 x_1：　　　　$f_1=0.5\text{Hz}$，　$A(f_1)=0.537$；　$\varphi(f_1)=-57.52°$

信号 x_2：　　　　$f_2=2\text{Hz}$，　$A(f_2)=0.157$，　$\varphi(f_2)=-80.96°$

有

$$y_1(t)=0.537\sin(\pi t-57.52°)$$

$$y_2(t)=0.157\sin(4\pi t-80.96°)$$

此例表明，测试系统的动态特性，即幅频和相频特性，对输出信号的幅值和相位的影响可以通过输入、系统的动态特性及输出三者之间的关系来分析。

【例 2.6】　用一个一阶测试系统作 100Hz 正弦信号测量。

（1）如果要求限制振幅误差在 5% 以内，则时间常数 τ 应取多少？

（2）若用具有该时间常数的同一系统作 50Hz 信号的测试，此时的振幅误差和相角差各是多少？

解：（1）因为 $\delta=\left|\dfrac{A_1-A_0}{A_1}\right|=|1-A(\omega)|$，故当 $|\delta|\leqslant 5\%=0.05$ 时，要求 $1-A(\omega)\leqslant 0.05$，即

$$1-\frac{1}{\sqrt{(\omega\tau)^2+1}}\leqslant 0.05$$

化简得

$$(\omega\tau)^2\leqslant \frac{1}{0.95^2}-1=0.108$$

则

$$\tau\leqslant\sqrt{0.108}\cdot\frac{1}{2\pi f}=\sqrt{0.108}\cdot\frac{1}{2\pi\times 100}=5.23\times 10^{-4}$$

（2）当作 50Hz 信号测试时，有

$$\delta=1-\frac{1}{\sqrt{(\omega\tau)^2+1}}=1-\frac{1}{\sqrt{(2\pi f\tau)^2+1}}=1-\frac{1}{\sqrt{(2\pi\times 50\times 5.23\times 10^{-4})^2+1}}$$

$$=1-0.9868=1.32\%$$

$$\varphi=\arctan(-\omega\tau)=\arctan(-2\pi f\tau)=\arctan(-2\pi\times 50\times 5.23\times 10^{-4})=-9°19'50''$$

2. 阶跃响应法

1）一阶测试系统

对于一阶测试系统，其阶跃响应函数为

$$y_u(t)=1-e^{\frac{t}{\tau}} \tag{2-3}$$

其阶跃响应曲线如图 2.8 所示，输出响应达到稳态值的 63.2% 所对应时间，即为系统

的时间常数 τ。该方法简单易行，但由于时间起始点需要精确测定，因此该方法只是一种粗略的估算方法。

为了获得较可靠的结果，式(2-3)改写为 $1-y_u(t)=\mathrm{e}^{-\frac{t}{\tau}}$，并取对数，有

$$\ln[1-y_u(t)]=-\frac{t}{\tau} \tag{2-4}$$

式(2-4)表明，$\ln[1-y_u(t)]$ 与时间 t 成线性关系，如图 2.9 所示。于是有

$$\tau=\frac{\Delta t}{\Delta \ln[1-y_u(t)]}$$

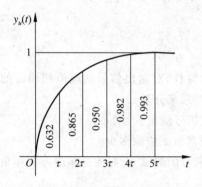

图 2.8　一阶系统的单位阶跃响应

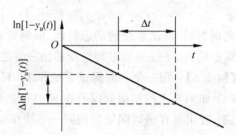

图 2.9　$\ln[1-y_u(t)]$ 与 t 的关系曲线

用该方法求得的时间常数 τ 值，考虑了瞬态响应的全过程，即过渡过程和稳态过程。另外，根据 $\ln[1-y_u(t)]$-t 曲线与直线的密合程度，还可以判断系统同一阶线性系统的符合程度。

2）二阶测试系统

对于欠阻尼二阶测试系统，其阶跃响应为

$$y_u(t)=1-\frac{1}{\sqrt{1-\xi^2}} \cdot \mathrm{e}^{-\xi\omega_n t} \cdot \sin(\sqrt{1-\xi^2} \cdot \omega_n t+\varphi)$$

式中

$$\varphi=\arctan\sqrt{\frac{1-\xi^2}{\xi^2}}$$

可见，欠阻尼系统的阶跃响应是在稳态值 1 的基础上加一个以 $\omega_d=\omega_n\sqrt{1-\xi^2}$ 为角频率的衰减振荡。因此，采用下述两种方法之一确定系统的阻尼比与固有频率。

第一种方法：利用阶跃响应的最大超调量 M_{max} 来估计，如图 2.10 所示。最大超调量 M_{max} 所对应的时间为 $t=\frac{\pi}{\omega_d}$，则 M_{max} 与阻尼比 ξ 的关系为

$$M_{max}=\mathrm{e}^{-\left(\frac{\pi \cdot \xi}{\sqrt{1-\xi^2}}\right)}$$

整理后得

$$\xi=\sqrt{\frac{1}{\left(\dfrac{\pi}{\ln M_{max}}\right)^2+1}}$$

求得阻尼比后,则可以利用 $\omega_d = \omega_n \sqrt{1-\xi^2}$ 求得系统的固有频率。

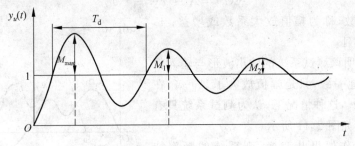

图 2.10　欠阻尼二阶系统的阶跃响应

第二种方法:根据 n 个相隔超调量的值求出其对数衰减率 $\delta_n = \ln \dfrac{M_i}{M_{i+1}}$,然后代入式 $\xi = \dfrac{\delta_n/n}{\sqrt{4\pi^2 + \left(\dfrac{\delta_n}{n}\right)^2}}$ 和 $\omega_d = \omega_n \cdot \sqrt{1-\xi^2}$,求得系统的阻尼比 ξ 与固有频率 ω_n。

【例 2.7】　对一个典型二阶系统输入一脉冲信号,从响应的记录曲线测得其振荡周期为 4ms,第 3 个和第 11 个振荡的单峰幅值分别为 12mm 和 4mm。试求该系统的固有频率 ω_n 和阻尼比 ξ。

解:输出波形的对数衰减率为

$$\frac{\delta_n}{n} = \frac{\ln(12/4)}{8} = 0.137\,326\,5$$

振荡频率为

$$\omega_d = \frac{2\pi}{T_d} = \frac{2\pi}{4 \times 10^{-3}} = 1570.796 (\text{rad/s})$$

该系统的阻尼率为

$$\xi = \frac{\delta_n/n}{\sqrt{4\pi^2 + (\delta_n/n)^2}} = \frac{0.137\,326\,5}{\sqrt{4\pi^2 + 0.137\,326\,5^2}} = 0.021\,85$$

该系统的固有频率为

$$\omega_n = \frac{\omega_d}{\sqrt{1-\xi^2}} = \frac{1570.796}{\sqrt{1-0.021\,85^2}} = 1571.171 (\text{rad/s})$$

2.4　测试系统不失真测试条件及分析

2.4.1　不失真测试条件

测试的目的是应用测试系统精确地复现被测的特征量或参数,获取原始信息。这就要求在测试过程中,测试系统的输出信号能够真实、准确地反映被测对象的信息,这种测试称为不失真测试。

设一测试系统，其输出 $y(t)$ 与输入 $x(t)$ 满足关系：

$$y(t) = A_0 \cdot x(t - \tau_0) \qquad (2-5)$$

式中，A_0 为常数，称为幅值放大系数或增益；τ_0 为常数，称为时延。

式(2-5)表明该测试系统的输出波形与输入信号的波形精确地一致，只是幅值放大了 A_0 倍，在时间上延迟了 t_0，这种情况下，认为测试系统具有不失真的特性，如图 2.11 所示。

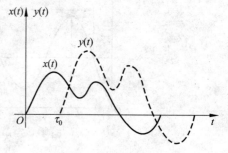

图 2.11　测试系统不失真

对式(2-5)作傅里叶变换，则系统的频率特性为

$$H(\mathrm{j}\omega) = \frac{Y(\mathrm{j}\omega)}{X(\mathrm{j}\omega)} = A_0 \cdot \mathrm{e}^{\mathrm{j} \cdot (-\tau_0 \omega)}$$

因此，系统要实现动态测试不失真，其幅频特性和相频特性应满足下列条件：

$$\begin{cases} A(\omega) = A_0 \text{（常数）} \\ \varphi(\omega) = -\tau_0 \omega \end{cases}$$

即（如图 2.12 所示）：

(1) 系统的幅频特性曲线是一条平行于 ω 轴的直线；

(2) 系统的相频特性曲线是一条通过坐标原点且具有负斜率的直线。

由 $A(\omega)$ 不等于常数所引起的失真称为幅值失真；由 $\varphi(\omega)$ 与 ω 之间的非线性关系引起的失真称为相位失真。

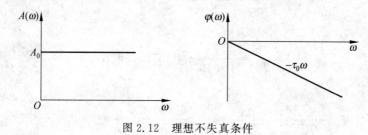

图 2.12　理想不失真条件

2.4.2　不失真测试分析

根据上述不失真的定义和不失真测试的条件，显然，实际的测试系统很难达到这一要求，这就需要对不失真测试进行具体分析。通常对不失真测试的分析需要从测试任务要求和系统特性参数两个方面进行。

1. 测试任务要求

从实际测试任务而言，测试系统的输出（即测量值）力求准确反映被测对象（被测量）的变化，在时域上看，就要涉及幅值（输出波形）和相位差（或时延性）是否准确复现被测信号。从不失真测试条件可知，即使测试系统的输出波形幅值表现很准确（即等比例放大），但仍然存在输出滞后于输入的时延问题,显然,实际的测试系统在幅值上和时间上都同时准确及时地复现输入信号波形是很难实现的。

工程上,许多应用场合只是为了精确地测量出信号的波形,以反映被测对象的幅值变化,而对时间上的时延并没有特殊要求。从这个角度而言,也就达到了测试任务要求,可视为不失真测试。但也有一些场合要求实时测量并予以反馈控制,这样,测量结果会作为一种反馈控制信号重新引入系统,那么时间上的延迟或相位的滞后问题将会给系统带来不利影响,甚至会破坏整个控制系统的稳定性,此时测试系统的设计和构建就必须使输入输出同相保证实时性,即要求 $\varphi(\omega)=0$。

2. 系统特性参数选择

从频率角度看,一方面被测对象的频率范围不是无限宽的,另一方面实际的测试系统也只能在一定的工作频率范围内满足所谓的不失真测试条件,而且即便在某一确定范围内也难以实现理想的精确测试,因为测试系统存在内部和外部干扰的影响,而且输入信号也存在偏离所描述的数学函数等问题。因此,只能要求在接近不失真的测试条件的某一频段范围内,幅值误差不超过某一限度。一般在没有特别指明精度要求的情况下,系统在幅值误差不超过 5%,就认为可以满足不失真测试要求。

图 2.13 给出实际测试系统的工作带宽,也称为通频带(passband),其中 ω_c 为系统截止频率。因此,通常规定在通频带内的测量满足精度要求即可。但是要特别注意,测试系统的通频带不等于不失真频段,因为通频带只考虑了幅值变化,并没有考虑相位变化,而实际测试系统的相频特性,其线性段远比幅频特性曲线的平直部分要窄得多。

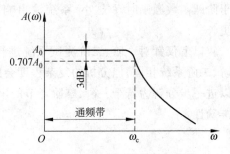

图 2.13　实际测试系统的通频带

由于测试系统通常是由若干个测试环节组成的,因此,设计和构建测试系统时,只有保证所使用的每一个测试环节满足不失真的测试条件,才能使最终的输出波形不失真。现在分析一阶测试系统和二阶测试系统动态测试不失真条件。

对于一阶测试系统:

(1) 当 $\omega=1/\tau$ 时,$A(\omega)=0.707(-3\text{dB})$,相位滞后 $45°$,通常称 $\omega=1/\tau$ 为一阶系统的转折频率。

(2) 当 $\omega\ll 1/\tau$ 时,$A(\omega)\approx 1$,$\varphi(\omega)=0$,输出信号几乎等于输入信号,能不同程度地满足动态测试要求。在幅值误差一定的情况下,τ 越小,则系统的工作频率范围越大。

(3) 当 $\omega\gg\dfrac{1}{\tau}$ 时,$A(\omega)\rightarrow 0$,$\varphi(\omega)=-\dfrac{\pi}{2}$,在此频区上几乎测不出信号。

综上,时间常数 τ 是反映一阶系统特性的重要参数,决定了一阶系统适用的频率范围,值越小,动态响应特性越好,测试系统的频带越宽。

对于二阶系统:

(1) 系统无阻尼固有频率 ω_n 决定了系统的工作带宽。在输入激励频率 $\omega<0.3\omega_n$ 范围

内,系统的幅频特性 $A(\omega)$ 几乎是一条水平直线,在该频率范围内的变化不超过 10%,而且相频特性 $\varphi(\omega)$ 的数值较小,也接近一条直线。因此,在这个范围内测量,则系统的波形失真很小,可以认为是一个理想的工作区域。由此可见,ω_n 越高,则系统工作宽带越大,不失真测试的范围就越大。

(2) 系统阻尼比 ξ 决定了系统的综合性能。当 ξ 取值很小时,系统容易产生超调和振荡现象,甚至在 ω_n 附近致使幅频特性曲线 $A(\omega)$ 不收敛;当 ξ 取值较大时,$A(\omega)$ 在高频段衰减加大,造成高频测量的幅值偏小,不利于信号输出和后续电路处理。一般来说,在 $\xi=0.6\sim0.8$ 的范围内,二阶测试系统的综合特性较佳。计算表明,当 $\xi=0.707$,在 $0\sim0.58\omega_n$ 的频率范围内,$A(\omega)$ 的变化小于 5%,因此工程上常取二阶系统的阻尼比 $\xi=0.6\sim0.8$,以获取较为理想的综合特性。

(3) 高频段的系统特性受阻尼比 ξ 的影响小,也接近不失真测试条件。当输入激励频率 $\omega>(0.5\sim3)\omega_n$ 范围内,其相频特性曲线 $\varphi(\omega)$ 对所有 ξ 都接近于 $180°$,且随 ω 变化的差值很小,因此在实测中可以采用反相器或在数据处理时减去 $180°$ 相差的方法复现被测信号波形,只是此时幅频 $A(\omega)$ 值较小,输出信号的幅度会受到一定影响。

(4) 中频段的系统特性受阻尼比 ξ 的影响很大,需做具体分析,ξ 的选择要视其被测信号的性质而定。分析表明,ξ 越小,二阶系统对斜坡函数激励的稳态响应误差就越小;而对于阶跃函数激励时,ξ 越小,系统输出响应的超调量越大、振荡次数增多,过渡过程的时间更长。

以上仅针对一阶、二阶测试系统进行了不失真测试分析,高阶系统的分析原则上与一阶、二阶系统相同,但分析的复杂程度会因系统阶次的增高而加大。如前所述,高阶系统可以进一步分解为若干一阶、二阶环节的串联或并联,这样可以降低分析的难度,提高分析的准确性。

2.5　测试系统的选择与调试

2.5.1　测试系统选择原则

在设计和组建测试系统时,不仅要考虑温度、湿度、振动、电源电压波动等工作环境因素,而且应防止信息过多和信息不足两种情况的发生。信息过多,其结果是有用的数据混在大量无关的信息中,给系统的数据处理带来沉重的负担;信息不足大多是对测量在整个系统中的功能和目的考虑不周所致。

根据测量目的,确定测试方法和手段,研究测点布置和仪器安装方法,对可能发生的问题和测试中的注意事项,应事先予以周密考虑,以便达到预期目的。

设计和选择测量系统的基本原则如下。

(1) 测试目标的选择。测试目标的选择对测试方案具有很大的影响。如工程中的破坏性试验,如果成本低,可以多次试验;如果成本高,如导弹发射,那就很难。面对这种情况,应该采取模拟和分解的方法,逐步确定。

(2) 被测量的选择。选择好测试目标以后,决定被测量的状态、性质、动态范围、变化频率等因素。如果不知道这些因素的具体情况,就应通过经验或估算确定一个大致范围。

(3) 考虑环境条件和干扰因素。通过文献调研和查看现场,了解电磁场、温度、湿度、声场和振动等各种因素,获取解决这类问题的经验和数据。如在一般测量系统中,要正确地接地和防止元器件的噪声,对温度系数不同引起测量误差的应进行温度补偿。工业环境中,电子仪器和计算机要预防射频的干扰和电源的跳动等。为进一步证明预防措施是否有效,还应设想一些模拟试验的方案,以便对各种干扰因素进行仔细的研究和调整。

(4) 拟定测试方法。拟定测试方法是工作的主要阶段,就一种物理量而言,有多种测试方法,应将所有的成熟或不成熟的方法罗列出来,绘制系统图。然后根据被测信号的性质,提出对系统的上下限截止频率、输入时间常数、频响及动态特征等一系列要求,判断各种系统对这些要求的适应程度,对比后确定出可靠、经济的系统。

(5) 设备选择。测试方案确定之后,选择或制造需要的设备和装置,如选择仪器的可测频率范围,注意频率的上限和下限,对传感器、放大器和记录装置的频率特性和相位特性进行认真的考虑和选择。同时,按测量要求的精度,选择的设备的精度应能与之相适应。设备之间的匹配是组织测试系统的重要原则,目的是减少测试误差。匹配方式总的原则是尽量减小被测信号的幅度损失或能量损失。

(6) 对包括传感器、调理电路和记录装置等全套测量系统的特性进行标定。

(7) 试验数据的分析与处理。当研究复杂的现象和装置时,对测试结果有潜在影响的因素是多方面的。对测试环境条件和试验数据做详细记录,找出各因素对结果的影响程度和各因素之间的交互作用对结果的影响程度。

2.5.2　测试系统设计考虑的几个问题

1. 负载效应

实际的测试系统通常都是由各环节串联而成(有时也出现并联)。例如,动态应变测量系统,可分解为传感器、电桥、放大器、相敏检波器、低通滤波器以及光波示波器等环节,如图 2.14 所示。正确组合这些环节,使整个系统的动态特性符合测试工作的要求十分重要。

在实际测量工作中,测量系统和被测对象之间、测量系统内部各环节相互连接必然产生相互作用和影响,使被测物理量偏离原有的量值,从而不可能实现理想的测量,这种现象称为"负载效应"。

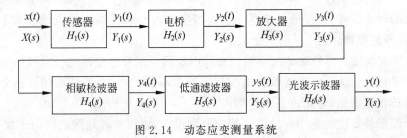

图 2.14　动态应变测量系统

例如,电阻传感器测量直流电路如图 2.15 所示。R_2 是阻值随被测物理量变化的电阻传感器,通过测量直流电路将电阻变换转化为电压变化,通过电压表进行显示。当未接入电压表测量电路时,电阻 R_2 上的电压降为

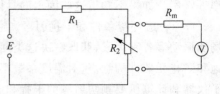

图 2.15   电阻传感器测量直流电路

$$U_0 = ER_2/(R_2 + R_1)$$

当接入电压表测量电路时,电阻 R_2 上的电压降为

$$U_1 = ER_2R_m/[R_1(R_m + R_2) + R_mR_2]$$

令 $R_1 = 100\text{k}\Omega, R_2 = 150\text{k}\Omega, R_m = 150\text{k}\Omega, E = 150\text{V}$,得到 $U_0 = 90\text{V}, U_1 = 62.3\text{V}$,误差为 28.6%。若 $R_m = 1\text{M}\Omega$,则 $U_1 = 82.9\text{V}$,误差减小为 5.76%。此例充分说明负载效应对测量结果的影响很大。

因此,在选择测量装置组成测试系统时,必须考虑各个环节互连时所产生的负载效应,分析在接入所选的测量仪表后对研究对象的影响及各仪表之间的相互影响,尽可能减小负载效应的影响。

减小负载效应误差的措施是提高后续环节(负载)的输入阻抗。例如,在原来两个相连接的环节中插入高输入阻抗、低输出阻抗的放大器,减小从前一环节吸取的能量。

2. 测试系统的抗干扰性

测试系统工作时常常处在干扰环境下,这些干扰信号会叠加在测试信号中,使测量结果受到影响。因此,针对不同的干扰源,应采取相应的技术措施减少干扰对测量的影响。

通常,干扰源有三种类型:①电磁干扰,即干扰信号以电磁波辐射的方式叠加在有用信号上;②电源干扰,即电源甚至电网的波动,以及电源内阻引起的电路耦合等都会造成干扰信号的窜入;③信道干扰,即测试信号在传输过程中,测试系统的元器件的噪声或非线性畸变也会带来干扰。

一般而言,正确的接地和良好的电磁屏蔽措施能够除去大部分电磁干扰。但不良的接地或不合适的接地地点,也会在测量中产生较大的干扰,同样会使测试受到严重的影响,甚至导致整个测量系统无法正常工作。测试系统中的地线分为以下四类:

(1) 保护接地线。为了安全,将电子仪器的外壳屏蔽层接地。

(2) 信号接地线。信号接地线是电子装置输入与输出的零信号电位公共线,它本身可能与真正大地是隔离的。信号接地线分两种:模拟信号地线和数字信号地线。模拟信号一般较弱,对地线的"清洁度"要求较高,各种干扰噪声应尽量小。数字地线通常有很大的噪声而且有很大的电流尖峰,可能通过地线干扰模拟电路。一般模拟地线应该和数字地线分开走,然后汇在一起接地。

(3) 信号源地线。信号源地线是测试系统本身的零信号电位基波公共线。

(4) 交流电源地线。交流电源的地线和零线是不同的,二者不能混淆。前者是为了安全采取的保护接地措施,防止设备漏电伤人。

在电子测量装置中上述四种地线一般应分别设置,以消除各地线之间的干扰,只有正确设置地线和接地,才能有效地防止接地干扰。因此,在接地时,要注意以下问题:

(1) 地线指标:优质地线电阻≤2Ω;仪表地线电阻≤5Ω。

（2）地线选择：可靠、电阻小（选择尽可能粗的铜线或铜条）。

（3）电源的可靠接地。接地处必须可靠，不能靠铰链、滚轮等部件去接地，这会使系统工作时好时坏，极不稳定，又难以发现故障所在，应该采用电焊、气焊、铜焊、锡焊等接地。

（4）多系统、多电源的接地。各系统、电源的接地方式如图 2.16 所示。串联接地简单易行，并联接地能抑制共接地线阻抗噪声。低频时常采用串并联一点接地方式，高频时都应使用高频多点接地方式。一般来说，当频率在 1MHz 以下时，可以使用一点接地方式，当频率高于 10MHz 时应采用多点接地方式，频率在 1～10MHz 之间，如用一点接地时，地线长度不得超过波长 1/20，否则应采用多点接地。

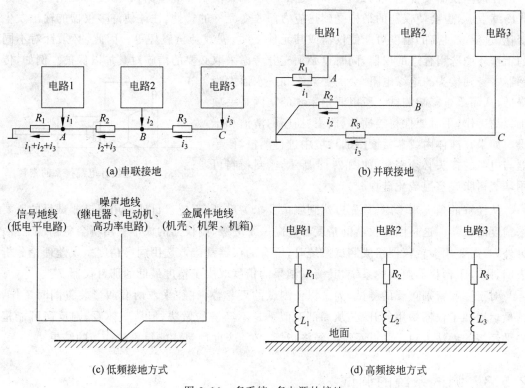

图 2.16　多系统、多电源的接地

测试中的导线连接也会严重地影响测试结果，因为信号线的电辐射和磁辐射会构成干扰空间。因此，要保证传感器的输出连接导线之间、导线与放大器之间的插头连接处于良好的工作状态。测量系统每个接插件和开关的连接状态和状况，也要保证完善和良好。有时因接触不良，会产生寄生的振动波形，使得测试数据忽大忽小。

例如，使用压电式传感器测量时，存在连接电缆的噪声问题，这些噪声既可由电缆的机械运动引起，也可由接地回路效应的电感应和噪声引起。机械上引起的噪声是由于摩擦生电效应产生，称为"颤动噪声"，它是由于连接电缆的拉伸、压缩和动态弯曲引起的电缆电容变化和摩擦引起的电荷变化产生的，这些变化容易发生低频干扰。因此，压电式和电感调频式传感器对这个问题都是十分敏感的。在采用低噪声电缆的同时，为避免因导线的相对运动引起"颤动噪声"，应该尽可能牢固地夹紧电缆线，其示意图如图 2.17 所示。

图 2.17　固定电缆避免"颤动噪声"示意图

3.其他问题

在选择仪器设备组成测试系统时，还必须考虑其使用环境。例如，温度的变化会产生热胀冷缩效应，也会使仪器的结构受到热应力而改变元件的特性，往往使许多仪器的输出发生变化，过低或过高的温度可能使仪器或其元件变质、失效乃至破坏等。因此，必须针对不同的工作环境选用合适的仪器，同时也必须充分考虑采取必要的措施对其加以保护。例如，传感器本身到接头的绝缘电阻，会因受潮气和进水而大为降低，从而严重影响测试。所以测量系统的防潮是一项细致的工作，平时要保持接插件、插头、插座的清洁和干燥。如果在液体内或非常潮湿的环境中进行测量，传感器与电缆的接头必须密封，如图 2.18 所示，密封材料可用环氧树脂或室温硫化硅橡胶。

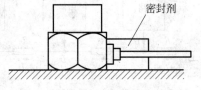

图 2.18　加速度计电缆接头的密封

从经济的角度来考虑，首先以达到测试要求为准则，不应盲目地采用超过测试目的所要求精度的仪器。这是因为仪器的精度若提高一个等级，则仪器的成本费用将会急剧地上升。另外，当需要用多台仪器组成测试系统时，所有的仪器都应该选用同等精度。误差理论分析表明，由若干台仪器组成的系统，其测量结果的精度取决于精度最低的那台仪器。

对于一些特别重要的测试，为了保证测试的可靠性，往往采取两套测量装置同时工作，这虽然增加了仪器费用的开支，从局部看似乎是不经济的做法，但从整体看，则反而可能是一种经济的做法。对于测试系统的经济指标，必须全面衡量才能得出较恰当的结果。

2.5.3　测试系统的调试

测试系统调试的步骤如下。

（1）对测试系统各环节单独调试，包括以下内容：

① 接地检查。接地好坏不仅直接影响测试精度，而且关系到仪器设备的安全。

② 单个仪器的检测。用标准信号源逐一检查仪器（含传感器）的线性度、线性范围、满度、灵敏度和精度，以便准确了解仪器的工作状态，并正确选用和设置初始状态。

③ 短路检查。短路会造成测试仪器和系统的损毁甚至引起火灾。因此，测试前一定要排除短路的可能，即进行零点检查。

④ 输出检查。用标准信号源对测试仪器的输出进行检查，并校准仪表的精度。

（2）仪器的连接。在连接测试系统时，要注意以下问题：

① 编号。工程实际中的测量一般都是多测点的，为了防止接错信号，应该对传感器、电缆和通道进行编号。连接时，将同号的传感器、电缆和通道连接在一起以防接错。

② 极性。有些电缆是有极性的,在连接时必须严格按照标明的极性进行连接,特别是屏蔽线。连接必须在断电的情况下进行,以防发生意外。

(3) 对测试系统进行统调。统调包括以下几个步骤:

① 系统检测。用标准信号源对测试系统的线性、满度、灵敏度、精度、零漂、温漂等指标逐一进行检测和记录,以便准确了解测量系统的工作状态,为测量误差分析提供依据。

② 校准。用标准被测量检查测量系统的输出,并对测量系统的精度进行系统校准和标定。

③ 实测试验。按照图 2.19 所示流程对测试系统进行初步试验,以检查测试系统是否能正常工作。

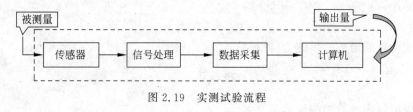

图 2.19 实测试验流程

④ 故障排除。当测试系统工作不正常时,对测试系统进行故障排除,才可测试。

2.5.4 测试系统的标定

1. 静态标定

测试系统的静态标定主要是检验测试系统的静态指标。静态标定的标准是在静态标准条件下进行的。静态标定的条件是指没有加速度、振动、冲击(本身是被测量除外),环境温度一般为 $20\pm5\,^{\circ}\mathrm{C}$,相对湿度不大于 85%,大气压力为 $101.3\pm8\,\mathrm{kPa}$。例如,电涡流传感器灵敏度标定装置如图 2.20 所示。不同材质对灵敏度的影响是不同的。为了得到较准确的测量数值,最好用测量的原材质进行静态校准,以求得实际的校准曲线,对于半径较小的转轴或筒壁特薄的转筒,最好模仿原本形状进行校准。

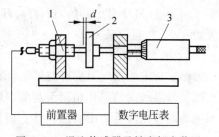

图 2.20 涡流传感器灵敏度标定装置
1—传感器;2—由测试材料制成的圆盘;
3—螺旋测微计

2. 动态标定

测试系统的动态标定主要测试系统的动态响应特性。图 2.21 所示为对振动位移传感器标定示意图。

1) 幅值标定

根据

$$p = m\ddot{x}$$

标定时,空气阻力忽略不计,振动与力同相位。即

$$x = x_0 \sin\Omega t$$

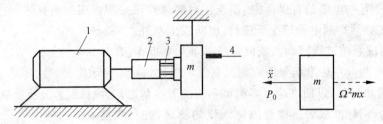

图 2.21　振动位移传感器标定示意图

1—激振器；2—传力杆；3—应变片；4—传感器

作傅里叶变换,得

$$P_0 = m\Omega^2 X_0$$

则测试系统的频响函数的幅值为

$$H_0(\Omega) = \frac{X_0}{P_0} = \frac{1}{m\Omega^2}$$

设激励响应的频响函数的幅值为

$$H(\Omega) = \frac{X}{P}$$

则

$$\frac{H(\Omega)}{H_0(\Omega)} = \frac{\dfrac{X}{P}}{\dfrac{1}{m\Omega^2}} = m\Omega^2 \frac{X}{P}$$

得

$$\frac{X}{P} = \frac{1}{m\Omega^2} \times \frac{H(\Omega)}{H_0(\Omega)}$$

由于 m 和 Ω 是已知的,$H(\Omega)$、$H_0(\Omega)$ 可由信号分析得到,故测试系统的频响函数幅值灵敏度 X/P 可以确定。

2) 相角的修正

由于标定时空气阻尼可忽略不计。此时振动与力同相,分析时所读得的相位 φ_0 是由于测试仪器系统的延滞作用而引起的,试验分析时所读得的相位中 φ 包含了仪器引起的相移和振动响应比激振力滞后的相移。故振动响应比激振力滞后的相位为

$$\varphi' = \varphi - \varphi_0$$

2.6　工程案例分析

试设计一个高灵敏度的电子健康秤,其具体要求为:最大称重量为 150kg,且分辨率为十万分之三;绝对精确度为 0.0025kg;对于 $\pm 5^{\circ}\text{C}$ 的临床温度范围所产生的误差应能忽略不计;能排除非常低的低频干扰,如心跳、地板振动等,但响应速度要很快。

完成一称重台的设计,选择一个 150kg 的测力计并不困难,关键是其分辨率要达到十万分之三,即在 150kg 的满刻度值是能够重复分辨出 0.005kg 的重量,同时,这台测力计能进行全面校正,具有低温漂和较好的线性以及偏心载荷补偿的功能。因此,选用 BLH 电子

公司的 PL250 型测力台,如图 2.22 所示。

在 125kg 时,电桥激励电压每伏可产生 1.5mV 输出,即灵敏度 $S = 1.5\text{mV/V}$。如果用 10V 激励电压,150kg 载荷,则输出为 18mV(满到度值)。当满刻度值时电桥输出为 18mV,对应 3/100 000 的分辨率是 600nV。在规定的 $\pm5\text{℃}$ 的临床范围所产生的误差要能忽略不计,电桥及整个系统的温漂必须低于 120nV/℃。实际上总的漂移(包括时漂)必须小于 600nV。

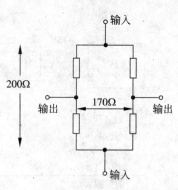

图 2.22　BLH-PL250 型
测力台电路图

全系统设计电路如图 2.23 所示。

(1) 斩波放大器。

由于差分放大器有高的共模抑制比,即仅对输入电压的差值是敏感的,但是它的温漂较大,不能满足小于 600nV 的要求。为了实现小于 600nV 的总漂移要求,选用斩波放大器,图 2.23 所示中前置放大器 261K 是一个斩波放大器,其漂移为 100nV/℃。由于斩波放大器不能进行差分测量,要求单端输入。电桥的输出要能作为单端信号与斩波放大器相连,必须将其激励电源浮离,才能消除共模电压的干扰。因为真正浮离的电源与地之间没有耦合电阻,则没有共模电压,所以用斩波放大器和浮离电源,低漂移和共模抑制问题都得到了解决。

(2) 高稳定度的激励电源。

为了用高稳定度电压驱动电桥,电桥电源用功率放大器(AD517L)做成,而功率放大器由高稳定的参考源(AD581L)驱动。这两部分均由隔离的直流-直流转换器供电(946),或者也可用高隔离的变压器供电。两组电源的地线只是被电桥的电阻分开,因此斩波放大器 261K 的偏流是从低阻抗的地返回。电源对地的阻抗大约只有 100Ω,可以忽略市电干扰。

(3) 低频滤波器。

此滤波器必须消除低频干扰,即要消除非常低的心跳、地板振动等低频信号的干扰。同时,当某一物品放到台秤上时又必须立即响应。截止频率为 0.2Hz 的简单滤波器能很好地消除低频噪声,但要稳定具有 5 位数分辨率的台秤,其时间常数太长($T = 270\text{k}\Omega \times 5\mu\text{F} = 1.35\text{s}$),影响整个系统的响应速度。简单的解决办法是设计时间常数可变的时变低频滤波器,即采用短时间常数的 RC 滤波器,当台秤达到它的终值的 99% 时再切换到长时间常数的滤波器,其电路原理如下:

台秤上无重量时,A_3 的输出为零,A_5 的正输入端的电压也是零。因为 A_5 的负输入端的电压由跟随器 A_{11} 提供,所以负输入端也接近于零。这样,开环的 A_5 的输出状态是不确定的。然而,由于 A_4 的输出偏正,使三极管导通,于是 A_5 的输出经三极管和二极管也基本上被接地。

当一个超过 1kg 的重物或人体放到台秤上时,A_4 的输出变低(因 A_3 的输出变高),A_5 的输出变高,于是点燃发光二极管,使得光敏电阻导通。电阻很小,$5\mu\text{F}$ 的电容便通过光敏电阻迅速充电,时间常数很小,大约 $<5\text{ms}$。当 A_{11} 的输出高于 A_5 的正输入端时,A_5 的输出变到负向极限值,使发光二极管截止,此后滤波器的时间常数由 270kΩ 的电阻和 $5\mu\text{F}$ 的电容决定,为 1.35s。这样能有效地滤除人体的运动和心跳的噪声,不用等很长时间就能使简单的 RC 滤波器达到稳定。

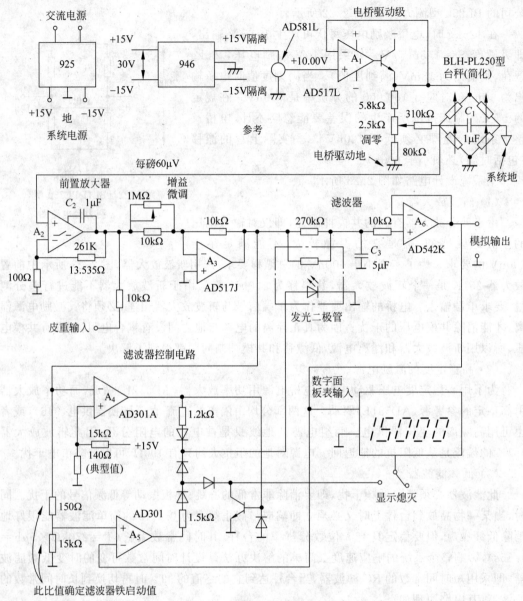

图 2.23   精密台秤电路

当重物从台秤上取走时，A_4 的输出变高，发光二极管又点燃，电容器迅速放电，趋向零电压。在台秤空着时，A_4 的输出使发光二极管总处于导通状态，就保证了有重物时能快速测量。经过试验，该台秤达到了设计要求。

小   结

测试系统以测量为其根本任务，以准确或不失真为其标识，其作用是完成对测试对象的信号拾取、信号调理以及分析与诊断等，从而准确描述或反映被测的物理量。因此被测物理量经过测试系统的各个变换环节,所观测到输出量是否真实地反映被测物理量和测试系统的特性密切相关。测试系统的特性包括静态特性和动态特性以及测试系统动态不失真测试的频率响应特性: $A(\omega)=A_0$ 和 $\varphi(\omega)=-t_0\omega$。

同时,根据测试任务,明确测试系统一些基本设计原则,对系统设计中存在的干扰因素进行分析并采取相应的措施进行消除和弱化。

习　题

1. 为什么希望测试系统是线性系统?

2. 频率响应的物理意义是什么?它是如何获得的?为什么说它反映了测试系统的性能?

3. 用时间常数为 0.5s 的一阶装置进行测量,若被测参数按正弦规律变化,若要求装置指示值的幅值误差小于 2%,被测参数变化的最高频率是多少?如果被测参数的周期是 2s 和 5s,幅值误差是多少?

4. 用一阶测量仪器测量 100Hz 的正弦信号,如果要求振幅的测量误差小于 5%,求仪器的时间常数 T 的取值范围。若用该仪器测 50Hz 的正弦信号,相应的振幅误差和相位滞后是多少?

5. 试说明理想的不失真测试系统的要求是: $A(f)=\text{const}$, $\varphi(f)=-2\pi ft_0$。

6. 说明线性系统的频率保持性在测量中的作用。

7. 某一测试系统的量程为 0~10MPa,输出信号为直流电压 1~5V。求:(1)该测试系统理想的静态特性表达式。(2)该测试系统的灵敏度。

8. 在使用灵敏度为 80nC/MPa 的压电式力传感器进行压力测量时,首先将它与增益为 5mV/nC 的电荷放大器相连,电荷放大器接到灵敏度为 25mm/V 的笔试记录仪上,试求该压力测试系统的灵敏度。当记录仪的输出变化为 30mm 时,压力变化为多少?

9. 把灵敏度为 404×10^{-4} pC/Pa 的压电式力传感器与一台灵敏度调到 0.226mV/pC 的电荷放大器相接,求其总灵敏度。若要将总灵敏度调到 10×10^6mV/Pa,电荷放大器的灵敏度应作如何调整?

10. 弹簧平衡是在温度为 20℃的环境中校准的,其扰度/负载特性如下:

负载(kg)　0　1　2　3

扰度(mm)　0　20　40　60

在温度为 30℃的环境中使用,测量的扰度/负载特性如下:

负载(kg)　0　1　2　3

扰度(mm)　5　27　49　71

求环境温度每变化 1℃的零点漂移和灵敏度漂移。

11. 用一时间常数为 2s 的温度计测量炉温时,当炉温在 200~400℃之间,以 150s 为周期,按正弦规律变化时,温度计输出的变化范围是多少?

12. 设一力传感器作为二阶系统处理。已知传感器的固有频率为 800Hz,阻尼比为 0.14,问使用该传感器作频率为 400Hz 正弦变化的外力测试时,其振幅和相位角各为多少?

13. 对一个二阶系统输入单位阶跃信号后，测得响应中产生的第一个超调量 M 的数值为 1.5，同时测得其周期为 6.28s。设已知装置的静态增益为 3，试求该装置的传递函数和装置在无阻尼固有频率处的频率响应。

14. 用一个具有一阶动态特性的测量仪器（$\tau=0.35$s）测量阶跃信号，输入由 25 单位跳变到 240 单位，求当 $t=0.35$s，0.7s，2s 时的仪表示值分别为多少？

15. 已知二阶系统的传递函数 $H(s)=\dfrac{\omega_n^2}{s^2+2\xi\omega_n s+\omega_n^2}$，并且 $\omega_n=1000$rad/s，现用该装置测试频率为 $f=250/\pi$Hz 的正弦信号，试求：（1）当 ξ 分别为 $\sqrt{2}/4$，$\sqrt{2}/2$ 和 1 时，输出信号对输入信号的相对误差；（2）欲使测试误差小，响应速度快，ξ 应取什么值？并画出此时的 $A(\omega)$ 图。

16. 设某温度计的动态特性可用 $1/(Ts+1)$ 来描述。用该温度计测量容器内的水温，发现 1min 后温度计的示值为实际水温的 98%。若给容器加热，使水温以 10℃/min 的速度线性上升，试计算该温度计的稳态指示误差。

第 3 章

传感器及其应用

引例

传感器是一种获取被测信号的装置,是测试系统的首要环节。传感器性能的优劣将直接影响整个测试系统的工作特性,从而影响整个测试任务的完成。图 3.1 为汽车用各种传感器,这些传感器的运用,使我们在驾驶过程中的安全得以保障。

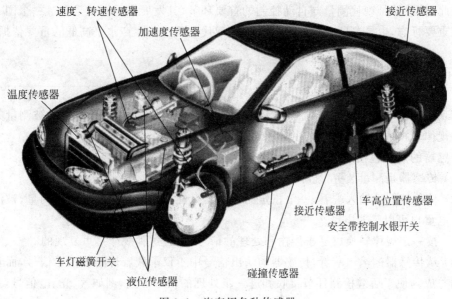

图 3.1 汽车用各种传感器

3.1 概 述

人体通过眼、耳、舌、鼻、手等五种感觉器官感知外部世界的变化:眼用于看,耳用于听,舌用于品尝,鼻用于闻,手用于触摸。这五种感觉器官是人类获取信息的主要途径,在人类活动中起着至关重要的作用。

传感器是生物体感官的工程模拟物,是人类感官的延伸。借助传感器,人们可获取无法用感觉器官获取的信息。例如,用超声波探测器探测海水的深度,用红外遥感器从高空探测地球上的植被和污染情况等。人体系统与机器系统的关系如图 3.2 所示。美国参联会副主席欧文斯上将曾经指出：……改变那种认为军事力量主要是军舰、坦克和飞机的概念，把我们的注意力放在思考信息和电信技术所能提供的军事力量上来。这场军事革命标志着一种转变，即从重视军舰、坦克和飞机，转为重视诸如传感器这类东西的作用。你将成立一个把所有的传感器放在一起的军种（可称之为传感器军）用于观察战场……。

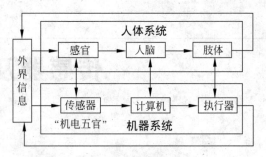

图 3.2　人体系统与机器系统的关系

当前，传感器技术发展的速度很快。随着各行各业对测量任务的需求不断增长，新的传感器层出不穷。同时，新材料、微型加工技术和计算机技术的飞速发展，使传感器朝小型化、集成化、智能化和网络化的方向发展。

因此，传感器是现代测量与自动控制的首要环节，其发展水平不仅是衡量一个国家综合实力的重要标志，也是判断一个国家科学技术现代化程度与生产水平高低的重要依据。

3.1.1　传感器的定义

GB/T 7665—2005《传感器通用术语》中传感器的定义为：能感受规定的被测量并按照一定的规律转换成可用输出信号的器件或者装置。

传感器的定义包括四层含义：

（1）传感器是测量装置，能完成检测任务。

（2）从传感器的输入端看，一个指定的传感器只能感受或响应规定的被测量，被测量既可以是电量也可以是非电量。

（3）按一定规律转换成易于传输和处理的信号，而且这种规律是可复现的。

（4）从传感器的输出端看，传感器的输出信号中不仅承载着待测的原始信号，而且能够被传输并成为便于后继检测环节接收和进一步处理的信号形式，例如气、光、电信号，主要是电信号。

3.1.2　传感器的组成

传感器通常由敏感元件、转换元件、信号调节和转换电路以及辅助电源组成，如图 3.3 所示。

（1）敏感元件指传感器中能直接感受或响应被测量的部分。

（2）转换元件指传感器中能将敏感元件感受或响应的被测量转换成适于传输和测量的电信号部分。

（3）信号调节和转换电路可以对微弱电信号进行放大、运算调制等。

（4）辅助电源可以为转换元件以及信号调节和转换电路提供必要的动力，如交、直流供电系统。

实际上,有些传感器很简单,仅由一个敏感元件(兼作转换元件)组成,它感受被测量时直接输出电量,如热电偶。有些传感器由敏感元件和转换元件组成,没有转换电路。有些传感器,转换元件不止一个,要经过若干次转换。随着集成电路制造技术的发展,信号调节和转换电路可安装在传感器壳体里或与敏感元件一起集成在同一芯片上,构成集成式传感器,甚至与微处理器相结合,形成智能传感器。

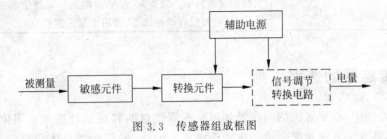

图 3.3   传感器组成框图

3.1.3   传感器的分类

由于被测物理量的多样性,传感技术借以变换的物理现象和定律很多,所处的工作环境也不同,所以传感器的品种、规格十分繁杂。同时,具有不同功能、结构、特性和用途的新型传感器被不断地研究出来,每年以上千种新的类型出现。

为了便于研究、开发和选用,必须对传感器进行科学分类。传感器分类方法如表 3.1 所示。

表 3.1   传感器分类方法

分 类 方 法		说 明	示 例
按被测物理量		这种分类方法体现传感器的功能,便于实际使用者选用,但该分类方法把用途相同而变换原理不同的传感器分为一类,因此,要研究一种用途的传感器,必须研究多种传感元件和传感机理	温度、位移、加速度、流量传感器等
按传感器工作原理		这种分类方法是基于各种物理的、化学的以及生物的现象或效应,便于学习和研究	电阻、电感、电容传感器等
按能量传递方式	能量控制型	亦称电参量式传感器,依靠外部辅助电源,在感受被测量以后,改变自身的电参数(如电阻、电感、电容等),并将电参数进一步转换成电量(如电压或电流)。这类传感器本身不起换能的作用,但可对传感器提供的能量起控制作用	电阻、电感、电容传感器等
	能量转换型	亦称发电式传感器,直接将被测的物理量(如速度、加速度等)直接转换成电量(如电流或电压)输出,而不需借助外加辅助电源	磁电式、压电式、热电式等传感器
按内部物理结构	结构型	通过传感器本身内部结构参数的变化实现信号转换	电容式、电感式传感器
	物性型	利用敏感元件材料本身物理性质的变化实现信号转换	热电阻、光电传感器

续表

分类方法		说　　明	示　　例
按输出信号特征	模拟式	将被测量转换为以连续变化信号作为输出量。常见的有 4～20mA 或 1～5V	
	数字式	将被测量转换为以数字量作为输出量	
	开关式	当被测量达到某个阈值时,传感器输出一个设定的低电平或高电平信号,一般只有两种状态,常用于位式控制中	

3.1.4　传感器的选用原则

在试验设计中,首要解决的问题是如何根据测试目的和对象合理地选用传感器。当传感器选定后,其测试方法和配套设备也就确定了。因此,进行一个具体的测量工作,首先要考虑采用何种原理的传感器,因为即使是测量同一物理量,有多种原理的传感器可供选用。选用哪一种原理的传感器更为合适,应考虑以下具体问题:

(1) 量程的大小。传感器的量程范围与灵敏度是密切相关的。一个传感器的量程范围是有限的,过高的灵敏度会影响传感器的适用范围。

(2) 传感器的大小。测点的布置和传感器的安装位置对测量结果也产生一定的影响。不合理的安装和布点,可能产生一些错误信息。因此,必须找出能代表被测物体特征的测量位置,并确保所使用的传感器能够安装下。另外,对于一些轻巧的结构振动或在薄板上测量振动参数时,传感器和固定件的质量会引起的"额外"载荷,可能改变结构的原始振动,从而使测试结果无效。因此,在这种情况下,应该使用小而轻的传感器。

(3) 安装方式。在测量过程中,为避免测试结果严重畸变,可能要求传感器与被测物接触良好,甚至是牢固连接。在振动测试中,由于固定件本身会产生寄生振动,则尽量减少不必要的固定件,最好使传感器直接安装于被测物上。由于测试的需要和安装条件的限制,一定的固定件相连接方式总是不可避免的,例如压电式加速度计是应用十分广泛的测振传感器,其安装方式对动态特性有影响,主要有四种安装方法:螺钉安装、磁力安装座安装、粘接剂粘接、探针安装,如图 3.4 所示。

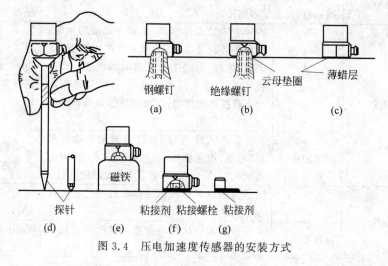

图 3.4　压电加速度传感器的安装方式

其中,图 3.4(a)是用双头钢制螺钉将传感器固定在光滑平面上,这种方法固定刚度最好,但要防止拧得过紧传感器壳体变形而影响输出;如果固定表面不够平滑,可在结合面上涂覆硅润滑脂,需要绝缘时,可采用绝缘螺栓的云母垫片,如图 3.4(b)所示;在低温条件下可用石蜡将传感器粘附在平整表面上,如图 3.4(c)所示;粘接的方法还可采用胶粘、双面胶纸(图 3.4(g))、粘接螺栓(图 3.4(f))等方法;如测量对象是铁磁性的,可采用永久磁铁来固定(图 3.4(e));如在测量过程中要作多点测量,需要方便地更换测点,则可用手持探针的方法(图 3.4(d)),但仅能测低于 1kHz 以下的振动,且测量误差较大,重复性差。

另外,在安装传感器时,其感振方向应该与待测方向一致,否则会造成测试误差。测量小加速度时,传感器更应该精确安装,使惯性质量运动的方向和待测振动方向重合。

(4)信号的引出方法。采用有线或无线方式。

(5)传感器的来源。国产还是进口,价格能否承受,还是自行研制。

在考虑上述问题之后,就能确定选用何种类型的传感器,然后再考虑传感器的具体性能指标。

(1)灵敏度的选择。一般地说,在传感器的线性范围内,灵敏度应越高越好。因为只有在灵敏度高时,与被测量变化对应的输出信号的值较大。但是,灵敏度高时,与测量信号无关的外界噪声也容易混入,也会被放大系统放大,影响测量精度,因此,要求传感器本身应有较高的信噪比,尽量减少从外界引入的干扰信号。

(2)频率响应特性。传感器的频率响应特性是在允许频率范围内保持不失真的测量条件。实际上,传感器的响应总有延迟,但希望延迟时间越短越好。一般地说,利用光电效应、压电效应的物性传感器,响应时间小,可测的信号频率范围放宽。结构型传感器由于受到结构特性的影响,其机械系统的惯性较大、固有频率较低,可测信号的频率较低。在动态测量中,传感器的响应特性对不失真的测量有决定性的影响。当选用传感器时,应根据信号的特点(稳态、瞬变、随机等)进行选取。

(3)线性范围。传感器的线性范围是指输出与输入成正比的范围,在此范围内,其灵敏度保持定值。此范围越宽,传感器的工作量程越大。在此范围内,传感器的测试误差被限制在一定范围内,能保证一定测试精度。

(4)稳定性。影响传感器稳定性的因素是时间和环境。为保证传感器在使用中维持其性能不变,在使用之前,应对其使用环境进行调查,选择较合适的传感器。如测量喷气发动机内部压力,就应该选择耐高温的压力传感器。在温度变化较大的场合使用应变式传感器,应认真考虑其温度补偿的问题。变间隙和变面积的电容式传感器应防止油剂、灰尘、潮湿空气进入间隙。对磁电式传感器和霍尔元件,在电场和磁场中工作时会带来误差。

传感器的稳定性有定量指标,在超过使用期时,应及时进行标定。如压电式传感器应该每年标定一次,应变式压电传感器应在使用前标定等。

(5)精度。传感器的精度是保证整个系统测量精度的第一重要环节,能否正确地反映被测量,对整个测试系统的精度有直接影响。传感器的精度越高,价格越昂贵,应该在满足同一测量目的的许多传感器中选择比较便宜和简单的。

3.2　电阻传感器

电阻传感器是利用电阻元件，将被测非电量如力、位移、应变、速度、加速度、光和热等的变化，转换成有一定关系的电阻值的变化，通过电测技术对电阻值进行测量，从而达到对上述非电量测量的目的。

3.2.1　电位器式传感器

电位器式传感器通过改变电位器触头位置，将位移的变化转换为电阻的变化。常用的电位器式传感器有直线位移型、角位移型以及非线性型等，其结构如图 3.5 所示。WX3-12型电位器式传感器如图 3.6 所示。

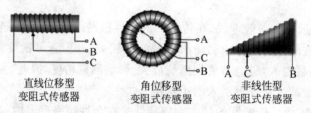

图 3.5　电位器式传感器结构

电位器式传感器后接电路一般采用分压电路，如图 3.7 所示。考虑负载效应后，传感器的输出电压为

$$e_o = \cfrac{e_i}{\cfrac{x_p}{x} + \left(\cfrac{R_p}{R_L}\right)\left(1 - \cfrac{x}{x_p}\right)}$$

式中，R_p 为变阻器总电阻；x_p 为变阻器总长度；R_L 为负载电阻，应使 $R_L \gg R_P$。

图 3.6　WX3-12 型电位器式
传感器

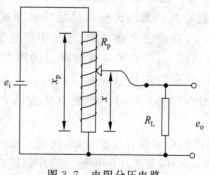

图 3.7　电阻分压电路

电位器式传感器结构简单，输出信号大，带负载能力强，性能稳定，使用方便，价格便宜。但电位器式传感器因受电阻丝直径的限制，分辨率很难优于 $20\mu m$，其滑动触点处电刷与电

阻元件之间容易磨损,可靠性不太好,灵敏度较低,多用于要求不太高的场合。

3.2.2　电阻应变式传感器

电阻应变式传感器是利用电阻应变片将应变转换为电阻变化的传感器。电阻应变式传感器是目前测量力、力矩、压力、加速度、重量等参数应用最广泛的传感器。

1. 工作原理——应变效应

所谓“应变效应”是指金属导体或半导体在外力作用下产生机械变形而引起导体或半导体的电阻值发生变化的物理现象。

电阻应变片传感器的敏感元件是电阻应变片。电阻应变片的工作原理基于应变效应,完成“力→应变→电阻变化”三个基本转换环节。

根据欧姆定律,导体的电阻 R 与其电阻率 ρ 及长度 l 成正比、与截面积 A 成反比,即

$$R = \rho \frac{l}{A}$$

当应变片随弹性结构受力变形后,如图 3.8 所示,应变片的长度 l、截面积 A 以及电阻率 ρ 都发生变化。l,A,ρ 三个因素的变化必然导致电阻值 R 的变化,设其变化为 $\mathrm{d}R$。设电阻丝半径为 r,则圆形截面 $A = \pi r^2$,则电阻的相对变化量为

$$\frac{\mathrm{d}R}{R} = \frac{\mathrm{d}l}{l} - 2\frac{\mathrm{d}r}{r} + \frac{\mathrm{d}\rho}{\rho}$$

式中,$\dfrac{\mathrm{d}l}{l} = \varepsilon$ 为导体轴向相对变形,称为轴向应变,即单位长度上的变化量;$\dfrac{\mathrm{d}r}{r}$ 为导体径向相对变形,称为径向应变。

当导体轴向伸长时,其径向必然缩小,它们之间的关系为

$$\frac{\mathrm{d}r}{r} = -\nu\frac{\mathrm{d}l}{l} = -\nu\varepsilon$$

式中,ν 为泊松系数;$\dfrac{\mathrm{d}\rho}{\rho}$ 为导体电阻率相对变化,与导体所受的轴向正应力有关。

$$\frac{\mathrm{d}\rho}{\rho} = \lambda\sigma = \lambda E\varepsilon$$

式中,E 为导线材料的弹性模量;λ 为压阻系数,与材质有关。

因此　　$\dfrac{\mathrm{d}R}{R} = \varepsilon + 2\nu\varepsilon + \lambda E\varepsilon = (1 + 2\nu + \lambda E)\varepsilon$

式中,$(1+2\nu)\varepsilon$ 是由于电阻丝的几何尺寸变化而引起的电阻相对变化量;λE 项是由于电阻丝材料导电率因材料变形而引起电阻的相对变化。

通常定义应变片的灵敏度系数为

$$K = \frac{\mathrm{d}R/R}{\varepsilon} = 1 + 2\nu + \lambda E$$

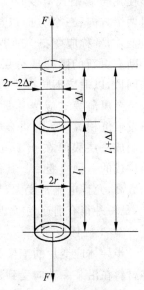

图 3.8　轴向和横向的应变的定义

2. 应变片的结构和种类

应变片主要分为金属电阻应变片和半导体应变片两类。

1) 金属电阻应变片

常用的金属电阻应变片有丝式、箔式和薄膜式三种。前两种为粘接式应变片，如图 3.9 所示。它由绝缘的基底、覆盖层和具有高电阻系数的金属敏感栅及引出线四部分组成。

金属丝式应变片使用最早，有纸基、胶基之分。由于金属丝式应变片蠕变较大，金属丝易脱胶，逐渐被金属箔式应变片所取代，但其价格便宜，多用于要求不高的应变、应力的大批量、一次性试验。

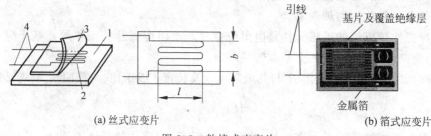

(a) 丝式应变片　　　　　　　　　　　　　　　　　(b) 箔式应变片

图 3.9　粘接式应变片

1—基底；2—电阻丝；3—覆盖层；4—引线

金属箔式应变片的箔栅采用光刻、腐蚀等工艺制成，这种工艺适合于大量生产。其厚度一般为 0.001～0.005mm。由于薄而面积大，有利于散热，因此稳定性好，因此，目前大多使用金属箔式应变片。图 3.10 是用来测量两个方向、三个方向以至多个方向应变的应变片，常称应变花。随着光刻工艺的发展，不断有更新的图样或分层，或更为微小的结构问世，以适应不同行业的需要。

金属薄膜式应变片是采用真空镀膜（如蒸发或沉积等）方式，将金属材料在基底材料上制成一层膜厚在 $0.1\mu m$ 以下敏感电阻膜而构成的一种应变片。其优点是应变灵敏度系数高，允许电流密度大，易于实现工业化生产，是一种很有前途的新型应变片。

图 3.10　应变花

2) 半导体应变片

半导体应变片的工作原理是基于半导体材料的压阻效应。所谓压阻效应是指单晶半导体材料在沿某一轴向受到外力作用时，其电阻率随之发生变化的现象。

半导体应变片主要有体型、薄膜型和扩散型，如图 3.11 所示。体型是利用半导体材料的体电阻制成粘贴式应变片；薄膜型是利用真空沉积技术将半导体材料沉积在带有绝缘层的基底上而制成的；扩散型是在半导体材料的基片上用集成电路工艺制成扩散电阻，作为测量传感元件。半导体应变片的结构和使用方法与金属应变片相同，即粘贴在弹性元件或被测物体上,随被测试件的变形而使电阻发生相应变化。

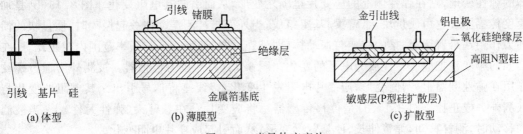

图 3.11 半导体应变片

半导体应变片的优点是体积小,灵敏度高,灵敏度在 100~175 之间,较之金属应变片要大数十倍,频率响应范围宽。其缺点是应变灵敏度随温度变化较大,大应变下的非线性以及安装不方便等,因此其使用范围受到一定限制。

金属电阻应变片与半导体应变片性能对比如表 3.2 所示。

表 3.2 金属电阻应变片与半导体应变片性能对比

类 型		金属应变片	半导体应变片
工作机理		应变效应	压阻效应
性能特点	丝式	结构简单、强度高,但允许通过的电流较小,测量精度较低,适用于测量要求不高的场合	体积小,灵敏度高,频率响应范围宽,应变灵敏度随温度变化较大
	箔式	面积大,易散热,稳定性好,适用于大批量生产,易于小型化	
	薄膜式	应变灵敏度系数高,允许电流密度大,易于实现工业化生产	
应用场合		测力、位移、加速度	适用于力矩计、半导体话筒、压力传感器

3.2.3 应用实例

1. 电位器式传感器

图 3.12 为一种电位器压力传感器原理图。弹性敏感元件膜盒内腔通入被测流体,在流体压力作用下,膜盒的中心产生位移推动连杆上升,使曲柄轴带动电刷在电阻上滑动,输出与被测压力成比例的电信号。此类传感器可用于对飞机飞行高度的测定。

2. 电阻应变式传感器

电阻应变式传感器主要有两种应用方式:一种是直接将应变片贴在结构件受力变形的位置,测定被测物体的应力或应变,如图 3.13 所示;另一种是将应变片贴于弹性元件上(如柱(筒)式、梁式、环式等)进行测量,如

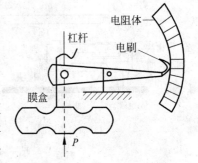

图 3.12 膜盒式电位器压力传感器

图 3.14 所示。其典型应用如图 3.15 所示,图 3.15(a)是质量传感器。质量引起金属弹性体的弹性变形,贴在弹性体上的应变片也随之变形,从而引起其电阻变化。图 3.15(b)是加速度传感器。它由质量块、悬臂梁、基座组成,当外壳与被测振动体一起振动时,质量块的惯性力作用在悬臂梁上,梁的应变与振动体(即外壳)的加速度在一定频率范围内成正比,贴在梁上的应变片把应变转换成为电阻的变化。图 3.15(c)是压力传感器。被测外力通过螺纹作用在弹性圆筒上,圆筒变形,应变片电阻发生变化,接线座将信号引出。其电阻的变化与被测外力成正比。图 3.15(d)是位移传感器。将应变片贴在悬臂梁(弹性元件)上,当被测物移动时,测杆移动,弹簧伸长,使悬臂梁变形,从而引起应变片电阻变化。

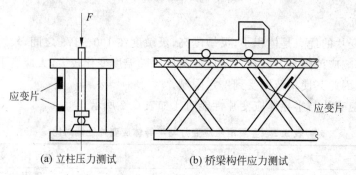

(a) 立柱压力测试   (b) 桥梁构件应力测试

图 3.13   构件应力测试

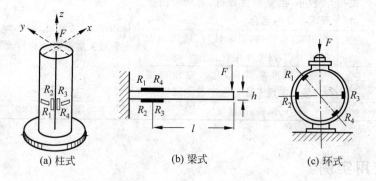

(a) 柱式   (b) 梁式   (c) 环式

图 3.14   弹性元件结构

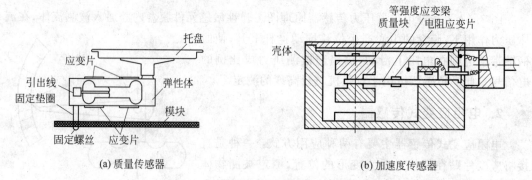

(a) 质量传感器   (b) 加速度传感器

图 3.15   应变式电阻传感器应用举例

(c) 压力传感器　　　　　　　　　(d) 位移传感器

图 3.15(续)

3.3　电容传感器

电容传感器是将被测物理量转换成电容量的变化的装置。它不但广泛应用于位移、振动、角度、加速度等机械量的精密测量,而且逐步扩大应用于压力、差压、液面、料面、成分含量等方面的测量。

3.3.1　工作原理

电容传感器的转换原理以如图 3.16 所示的平板电容器为例进行说明。

平板电容器的电容为

$$C = \frac{\varepsilon \varepsilon_0 A}{\delta}$$

式中,A 为极板相互覆盖面积;ε 为极板间介质相对介电常数;ε_0 为真空中的介电常数,$\varepsilon_0 = 8.854 \times 10^{-12}$ F/m;δ 为极板间距;C 为电容量。

由上式可知,当 ε、A 和 δ 变化时,将引起电容器电容量的变化,从而达到对被测参数到电容的变换。

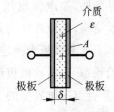

图 3.16　平板电容器

3.3.2　电容传感器分类

电容式传感器可分为三种:变极距型电容传感器、变面积型电容传感器、变介电常数型电容传感器。

1. 变极距型电容传感器

当电容器的两平行板的重合面积及介质不变时,一个极板固定,一个极板可动,如图 3.17

所示。当动极板随被测量移动时,两极板间距 δ_0 发生变化,从而改变两极板之间的电容量,达到将被测参数转换成电容量变化的目的。

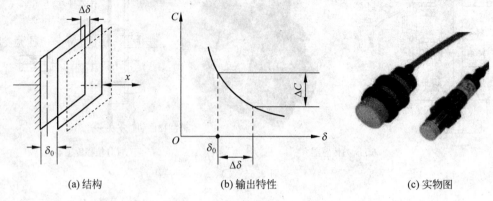

(a) 结构　　　　　　(b) 输出特性　　　　　　(c) 实物图

图 3.17　变极距型电容传感器

灵敏度近似为

$$S = \frac{\mathrm{d}C}{\mathrm{d}\delta} \approx - \frac{\varepsilon\varepsilon_0 A}{\delta_0^2}$$

从上式可看出,灵敏度 S 与极距平方成反比,极距越小,灵敏度越高。一般通过减小初始极距来提高灵敏度。由于电容量 C 与极距 δ 成非线性关系,故存在非线性误差。为了减小这一误差,通常规定测量范围 $\Delta\delta \ll \delta_0$。

在实际应用中,为了提高灵敏度和线性度,克服外界条件,如电源电压、环境温度等的影响,常采用差动结构,其原理结构如图 3.18 所示。

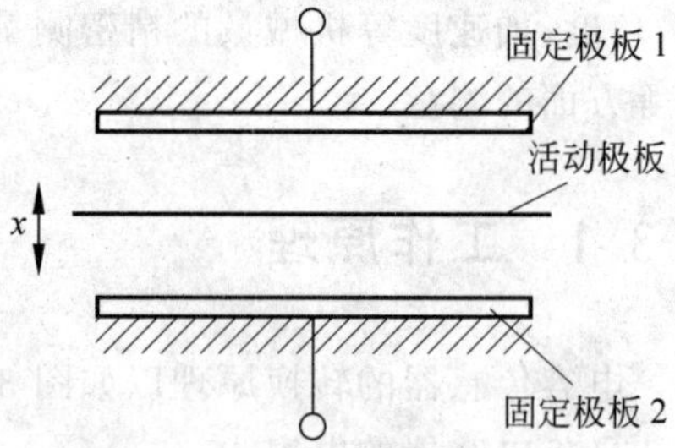

图 3.18　差动式变极距型电容
传感器结构

上下两极板为固定极板,中间极板为活动极板。初始状态下,活动极板调整至中间位置,这时两边电容相等。测量时,中间极板向上或下平移,就会引起电容量的上增下减或反之,两边电容的差值为

$$C_1 - C_2 = (C_0 + \Delta C) - (C_0 - \Delta C) = 2\Delta C$$

这样灵敏度提高一倍,线性度也得到改善。

2. 变面积型电容传感器

变面积型电容传感器按其极板相互遮盖的方式不同,有直线位移型和角位移型两种,其结构、输出特性以及灵敏度如表 3.3 所示。变面积型电容传感器的输出(电容的变化 ΔC)与其输入成线性关系。与变极距型电容传感器相比,其灵敏度较低,适用于较大直线位移及角位移的测量。为了提高灵敏度,可以采用差动式。

表 3.3 变面积型电容传感器分类及特性

类 型		结 构 图	输 出 特 性	灵 敏 度
直线位移型	平面		$C = \dfrac{\varepsilon\varepsilon_0 bx}{\delta}$ 式中,b 为极板宽度;x 为位移;δ 为极板间距	$S = \dfrac{\varepsilon\varepsilon_0 b}{\delta}$
	圆柱体		$C = \dfrac{2\pi\varepsilon\varepsilon_0 x}{\ln(D/d)}$ 式中,d 为圆柱外径,D 为圆筒孔径	$S = \dfrac{2\pi\varepsilon\varepsilon_0}{\ln(D/d)}$
角位移型			$C = \dfrac{\varepsilon\varepsilon_0 \alpha r^2}{2\delta}$ 式中,α 为覆盖面积对应的中心角;r 为极板半径	$S = \dfrac{\varepsilon\varepsilon_0 r^2}{2\delta}$

3. 变介电常数型电容传感器

变介电常数型电容传感器大多用来测量材料的厚度、液体的液面、容量及温度、湿度等能导致极板间介电常数变化的物理量。表 3.4 列出几种常用气体、液体和固体介质的相对介电常数。

表 3.4 几种介质的相对介电常数

介 质 名 称	相对介电常数	介 质 名 称	相对介电常数
真空	1	玻璃釉	3~5
空气	略大于 1	SiO_2	38
其他气体	1~1.2	云母	5~8
变压器油	2~4	干的纸	2~4
硅油	2~3.5	干的谷物	3~5
聚丙烯	2~2.2	环氧树脂	3~10
聚苯乙烯	2.4~2.6	高频陶瓷	10~160
聚四氟乙烯	2.0	低频陶瓷、压电陶瓷	1000~10000
聚偏二氟乙烯	3~5	纯净的水	80

3.3.3　应用实例

电容传感器具有结构简单、灵敏度高、动态性能好以及非接触测量等优点,在微小尺寸变化测量方面得到广泛应用。电容式传感器的主要缺点是初始电容较小,受引线电容、寄生电容的干扰影响较大。近年来随着电子技术的发展,上述问题正在得到逐步解决。

图 3.19 所示是用膜片和两个凹玻璃片组成的电容式压差传感器。薄金属膜片夹在两片镀金属的中凹玻璃之间。当两个腔的压差增加时,膜片弯向低压腔的一边。这一微小的位移改变了每个玻璃圆片之间的电容,所以分辨率很高,可以测量 $0\sim0.75\text{Pa}$ 的小压强,响应速度为 100ms。

图 3.20 为差动电容加速度传感器的结构图。两个定极板 1 和 2 间有一个用两个弹簧片支撑的质量块 m,质量块的两端面经抛光后作为动极板,当传感器测量竖直方向的振动时,由于 m 的惯性作用,使其相对固定电极产生位移,两个差动电容器 C_1 和 C_2 的电容量发生相应的变化,其中一个增大,另一个减小,以此来测定被测物体的加速度。

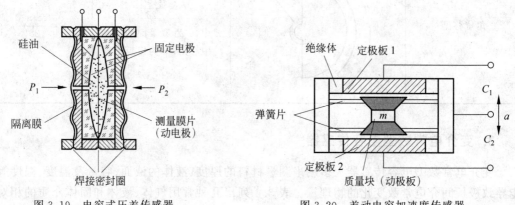

图 3.19　电容式压差传感器　　　　　　图 3.20　差动电容加速度传感器

图 3.21 为电容式转速传感器的工作原理。当定极板与齿顶相对时电容量最大,与齿隙相对时,电容量最小。齿轮转动时,电容传感器产生周期信号,通过测量周期信号的频率就可得到齿轮转速。

图 3.22 为电容式位移传感器的工作原理。利用垂直安放的两个电容式位移传感器,可测出回转轴轴心的动态偏摆情况,测量转轴回转精度。

图 3.23(a)所示电容传感器为极间介质的厚度变化导致极间介电常数改变,可用来测量纸张等固体介质厚度;图 3.23(b)是一工业上广泛应用的液位计,内外两个圆筒作为电容器的二极板,液位的变化引起两极板间总的介电常数的变化,介电常数的变化引起电容的变化,从而达到测量厚度、湿度或液体等物理参数的目的。

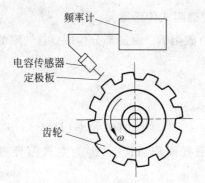

图 3.21 电容式转速传感器

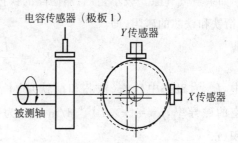

图 3.22 电容式位移传感器

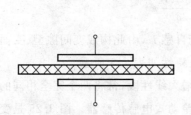

(a) 介质厚度变化导致介电常数改变

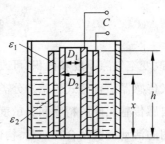

(b) 液位变化引起的介电常数的变化

图 3.23 介质变化型电容传感器

3.4 电感传感器

电感传感器的敏感元件是电感线圈,其转换原理基于电磁感应原理,即把被测量的变化转换成线圈自感系数 L 或互感系数 M 的变化。电感传感器可用于测量位移、振动、转速等。

电感传感器按其转换方式的不同分为自感式、互感式和涡流式。

3.4.1 自感式传感器

自感式传感器大多属于变磁阻式,即被测量的变化引起电感元件的磁路磁阻变化从而使线圈的电感值发生变化。其典型结构如图 3.24 所示。它由线圈、铁芯和衔铁组成,铁芯与衔铁之间有空气隙 δ。

当电感线圈通以交变电流 I,产生磁通 Φ,根据电磁感应原理和磁路欧姆定律,电感线圈的自感量为

$$L = \frac{W\Phi}{I} = \frac{W^2}{R_m}$$

式中,W 为电感线圈匝数;R_m 为磁路中的磁阻。

从上式可知,当电感线圈的匝数一定时,改变磁路中的

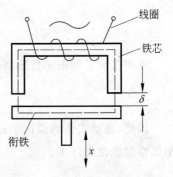

图 3.24 自感式传感器的
典型结构

磁阻 R_m 可改变自感系数，因此，这类传感器亦称为变磁阻式传感器。

如果空气气隙 δ 较小，且忽略磁路的铁损，则磁路磁阻 R_m 由三部分构成：空气隙的磁阻、衔铁和铁芯的磁阻，即

$$R_m = \frac{L_1}{\mu_1 A_1} + \frac{2\delta}{\mu_0 A_0}$$

式中，L_1 为磁路中软铁（铁芯和衔铁）的长度（m）；μ_1 为软铁的磁导率（H/m）；μ_0 为真空的磁导率，$\mu_0 = 4\pi \times 10^{-7}$ H/m；A_1 为铁芯导磁截面积（m^2）；A_0 为空气隙导磁截面积（m^2）。

通常，铁芯的磁阻远小于空气隙的磁阻，故 $R_m \approx \dfrac{2\delta}{\mu_0 A_0}$。则电感线圈的自感量可改写为

$$L = \frac{W^2 \mu_0 A_0}{2\delta}$$

上式表明，改变空气隙厚度和面积，可改变自感 L，由此构成变间隙型、变面积型以及螺线管式的自感式传感器。自感式传感器分类及特性如表 3.5 所示。

为了提高自感传感元件的精度和灵敏度，增大线性段，常将两个完全相同的电感传感器线圈与一个共用的活动衔铁结合在一起，构成差动式电感传感器。图 3.25 是变间隙型差动电感传感器的结构和输出特性。

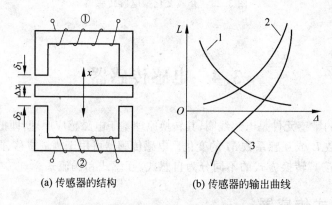

(a) 传感器的结构   (b) 传感器的输出曲线

图 3.25   变间隙型差动电感传感器的结构和输出特性

1—线圈 1 的输出曲线；2—线圈 2 的输出曲线；

3—差动式电感传感器的输出曲线

变间隙型差动电感传感器的灵敏度 S 为

$$S = \frac{dL}{d\delta} = -2\frac{L}{\delta}$$

因此，差动式传感器比单边式传感器的灵敏度提高 1 倍。从图 3.25(b) 还可看出，其输出线性度也改善许多。

表 3.5　自感式传感器分类及特性

类型	结构图	输出特性	灵敏度	特点
变间隙型	线圈　铁芯　衔铁　测杆　被测工件　δ　L	L–δ 曲线	$S = \dfrac{W^2 \mu_0 A_0}{2\delta^2}$ $= \dfrac{L}{\delta}$	(1) 线圈自感与气隙 δ 变化是非线性关系; (2) 灵敏度与气隙 δ 有关,δ 越小灵敏度越高; (3) 为限制非线性误差,实际应用中,一般取 $\dfrac{\Delta\delta}{\delta_0} \le 0.1$; (4) 这类传感器适用于较小位移测量,其测量范围为 0.001~1mm
变面积型	线圈　铁芯　衔铁　δ　q　Δb　L	L–A 曲线	$S = \dfrac{W^2 \mu_0}{2\delta}$ $=$ 常数	(1) 线圈自感与磁路截面积 A 变化成线性关系; (2) 灵敏度与气隙 δ 有关,灵敏度比变间隙型低; (3) 自由行程制小,示值范围较大
螺线管式	L　Δx　l	L–l 曲线		(1) 线圈自感与铁芯的插入深度有关; (2) 灵敏度较低; (3) 具有良好线性,量程范围大; (4) 结构简单,易于制造和批量生产,适于测量较大的位移量(数毫米),是使用最为广泛的一种电感传感器

3.4.2 差动变压器式电感传感器

差动变压器式电感传感器是一种互感式电感传感器，其结构如图 3.26(a)所示。它由初级线圈、两个次级线圈以及可在线圈中轴向移动的衔铁组成。其作用原理为利用电磁感应互感现象，将被测量转换成线圈互感变化。

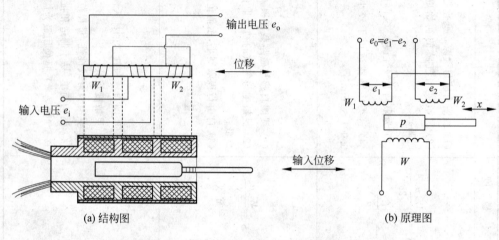

(a) 结构图　　　　　　　　　　　　　　(b) 原理图

图 3.26　螺线管式差动变压器结构和原理图

当变压器初级（一次侧）线圈中通入一定频率的交流激磁电压 e_i 时，由于互感作用，在两组次级线圈中就会产生感应电势 e_1 和 e_2，将差动变压器的次级线圈反相串接，其输出特性如图 3.27 所示，图中实线表示理想的输出特性，虚线表示实际输出特性。E_0 表示零点残余电动势，这是由于差动变压器制作上的不对称以及铁芯位置等因素所造成的。

零点残余电动势的存在使得传感器的输出特性在零点附近不灵敏，给测量带来误差，该值的大小是衡量差动变压器性能好坏的重要指标。为了减少零点残余电动势可采取以下措施：

（1）尽可能保证传感器几何尺寸、线圈电气参数及磁路的对称。磁性材料要经过处理，消除内部的残余应力，使其性能均匀稳定。

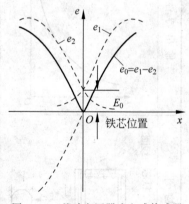

图 3.27　差动变压器式电感传感器输出特性

（2）选用合适的测量电路，如采用相敏整流电路，既可判别衔铁移动方向，又可改善输出特性，减小零点残余电动势。

3.4.3　涡流式电感传感器

涡流式传感器的工作原理是基于涡流效应，即当金属平面置于交变磁场中时，会产生感应电流，这种电流在金属平面内是闭合的，称之为涡流。电涡流的产生必然会消耗一部分能量，从而使产生磁场的线圈阻抗发生变化，这种现象称为涡流效应。

涡流式传感器结构与实物如图 3.28 所示，其工作原理图如表 3.6 中高频反射式涡流传感器工作原理图所示。根据电磁感应定律，当一块金属导体靠近一个通以交流电流的线圈时，交变电流 I_1 产生的交变磁通 Φ_1 通过金属导体，在金属导体内部产生感应电流 I_2，I_2 在金属板内自行闭合形成回路，称为"涡流"。涡流的产生必然要消耗磁场的能量，即涡流产生的磁通 Φ_2 总是与线圈磁通 Φ_1 方向相反，使线圈的阻抗发生变化。线圈阻抗的变化与金属导体的几何形状、电导率 ρ、磁导率 μ、线圈的几何参数、激励电流的频率及线圈到被测金属导体的距离等参数有关。

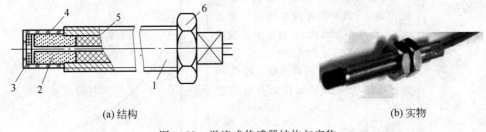

(a) 结构　　　　　　　　　　(b) 实物

图 3.28　涡流式传感器结构与实物

1—壳体；2—框架；3—线圈；4—保护罩；5—填充物；6—螺母

涡流传感器一般有高频反射式和低频透射式两种，具体工作原理如表 3.6 所示。

表 3.6　高频反射式和低频透射式涡流传感器工作原理

涡流传感器类型	工作原理	工作原理图
高频反射式	在电感线圈中通以高频（MHz 以上）激励电流 I_1 时，线圈产生高频磁场，由于集肤效应[①]，高频磁场不能透过有一定厚度 h 的金属板，而是在金属表面产生涡流 I_2。涡流 I_2 又会产生交变磁通 Φ_2 反过来作用于线圈，使得线圈中的磁通 Φ_1 发生变化而引起自感量变化。电感的变化随涡流而变，而涡流又随线圈与金属板之间的距离 x 变化	

[①]　集肤效应——交流电流通过导体时，由于感应作用引起导体截面上电流分布不均匀，越接近导体表面，电流密度越大，这种现象称为集肤效应。集肤效应使导体的有效电阻增加。交流电的频率越高，集肤效应越显著。

续表

涡流传感器类型	工作原理	工作原理图
低频透射式	发射线圈 W_1 和接收线圈 W_2 分别置于被测材料的两边。由于低频磁场集肤效应小，渗透深，当低频（音频范围）电压加到线圈 W_1 的两端后，线圈 W_1 产生一交变磁场，并在金属板中产生涡流，这个涡流损耗了部分磁场能量，使得贯穿 W_2 的磁力线减少，从而使 W_2 产生的感应电势 e_2 减少。金属板的厚度 h 越大，涡流损耗的磁场能量也越大，e_2 就越小。因此 e_2 的大小就反映了金属板的厚度 h 的大小。 低频透射式涡流传感器的输出特性 e_2 随材料厚度 h 的增加按负指数规律减小	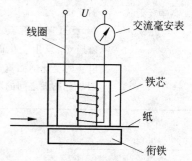

3.4.4　应用实例

1. 自感式传感器

图3.29是电感式纸页厚度测量仪原理图。E形铁芯上绕有线圈，构成一个电感测量头，衔铁实际上是一块钢质的平板。在工作过程中板状衔铁是固定不动的，被测纸张置于E形铁芯与板状衔铁之间，磁力线从上部的E形铁芯通过纸张达到下部的衔铁。当被测纸张沿着板状衔铁移动时，压在纸张上的E形铁芯将随着被测纸张的厚度变化而上下浮动，也即改变了铁芯与衔铁之间的间隙，从而改变了磁路的磁阻。按微米刻度的交流毫安表的读数与磁路的磁阻成比例，也即与纸张的厚度成比例，这样就直接显示被测纸张的厚度。如果将这种传感器安装在一个机械扫描装置上，

图 3.29　电感式纸页厚度测量仪原理图

使电感测量头沿纸张的横向进行扫描,则可用于自动记录仪表记录纸张横向的厚度,并可利用此检测信号在造纸生产线上自动调节纸张厚度。

2. 差动变压器式传感器

图 3.30 是差动变压器式电感测力传感器的结构。工作时,被测压力 $\Delta p = p_1 - p_2 = 0$ 时,膜片在初始位置,固接在膜片中心的衔铁位于差动变压器线圈的中间位置,因而输出电压为零。当被测压力 $\Delta p = p_1 - p_2 \neq 0$ 时,膜片产生一个正比于被测压力的位移,并且带动衔铁在差动变压器线圈中移动,从而使差动变压器输出电压。其产生的输出电压能反映被测压力的大小。

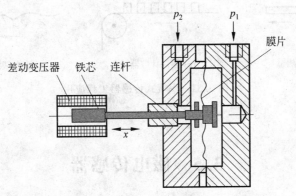

图 3.30　差动变压器式电感测力传感器

3. 涡流式传感器

涡流传感器的主要应用之一是用来测量金属的静态或动态位移量。当被测物体(金属物体)移动时,其相对于传感器的距离发生变化,从而引起传感器的线圈阻抗变化,经过测量电路可转换为电压的变化。它的检测范围从 0~1mm 到 0~40mm,分辨率一般可达满量程的 0.1%。

涡流传感器还常用于径向振动、回转轴误差、转速、板材厚度、零件计数、表面裂纹、缺陷等测量中,如图 3.31 所示。例如,图 3.31(c)转速测量。在旋转体上开一个或数个槽或齿,将涡流传感器安装在旁边,当转轴转动时,涡流传感器周期性地改变着与转轴之间的距离,其输出也周期性地发生变化,即输出周期性的脉冲信号,脉冲频率与转速之间有如下关系:

$$n = \frac{f}{z} \times 60$$

式中,n 为转轴的转速;f 为脉冲频率;z 为转轴上的槽数或齿数。

图 3.31(f)金属零件表面裂纹检查。探测时,传感器贴近零件表面,当遇到有裂纹时,涡流传感器等效电路中的涡流反射电阻与涡流反射电感发生变化,导致线圈的阻抗改变,输出电压随之发生改变。

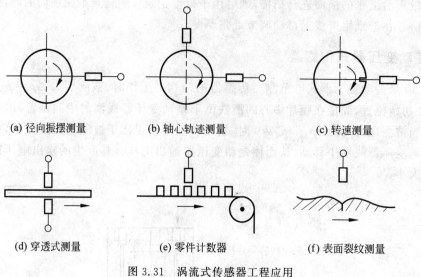

(a) 径向振摆测量   (b) 轴心轨迹测量   (c) 转速测量

(d) 穿透式测量   (e) 零件计数器   (f) 表面裂纹测量

图 3.31   涡流式传感器工程应用

3.5   磁电传感器

磁电传感器是通过磁电作用将被测量转换成电信号的一种传感器，包括磁电感应传感器和磁敏传感器等，可以测量电流、磁场、位移、速度、加速度、压力、转速等。

磁电感应传感器是基于电磁感应原理，将被测物理量转换成为感应电势的一种传感器，亦称为电动式传感器或感应式传感器。磁电感应传感器类型有动圈式和磁阻式。

磁敏传感器是伴随测磁仪器的进步而逐渐发展起来的。该类传感器主要利用半导体材料的磁敏特性，将磁场变化转换成电量输出。磁敏传感器类型主要有霍尔传感器和磁敏电阻传感器。

3.5.1   磁电感应传感器

根据电磁感应定律，具有 N 匝线圈的感应电动势 e，其大小取决于磁通 Φ 的变化率，即

$$e = N \frac{\mathrm{d}\Phi}{\mathrm{d}t}$$

磁电感应传感器是一种机-电能量变换型传感器，不需要外部供电电源，电路简单，性能稳定，输出阻抗小，又具有一定的频率响应范围（一般为 $10 \sim 1000\,\mathrm{Hz}$），适用于振动、转速、扭矩等测量。但这种传感器的尺寸和重量都较大。

按工作原理不同，磁电感应传感器可分为恒定磁通式和变磁通式，即动圈式传感器和磁阻式传感器。其分类如表 3.7 所示。

表 3.7　磁电感应传感器分类

分类	结构		工作原理图	说明
动圈式	①磁路系统，即永久磁铁，一般为固定部分。②线圈，一般为运动部分。③附属部分，如壳体、支承、阻尼器、接线装置等	线速度型		①在永久磁铁产生的直流磁场内，放置一个可动线圈，当线圈在磁场中随被测体作直线运动而作直线运动时，线圈切割磁力线而产生感应电势，即 $$e = WBl\frac{dx}{dt}\sin\alpha = WBlv\sin\alpha$$ 式中，W 为线圈匝数；B 为磁场的磁感应强度；l 为线圈的长度；α 为磁场运动方向与线圈运动方向的夹角。②当 B，W 及 l 一定时，感应电势与线圈运动速度 v 成正比，因此，可用输出的电势值测量线圈运动的速度，故这种传感器又称为速度计。③如果将线圈固定，让永久磁铁随被测体的运动而运动，则成为动磁式磁电传感器
		角速度型		①线圈在磁场中转动时，产生的感应电势为 $$e = kWBA\omega$$ 式中，ω 为线圈转动的角速度；A 为单面线圈的截面积；k 为与结构有关的系数，$k<1$。②当传感器的 W，B，A 均为常数时，感应电势 e 与线圈相对磁场的角速度 ω 成正比。这实际上相当于一个微型发动机，因此又常称为测速电机
磁阻式	由永久磁铁及缠绕其上的线圈组成		1—永久磁铁；2—软铁；3—感应线圈；4—齿轮	传感器在工作时，线圈与磁铁都不动，由运动着的物体（导磁材料）改变磁路的磁阻，引起通过线圈的磁力线增强或减弱，使线圈产生感应电势

3.5.2 霍尔传感器

1879年美国物理学家爱德文·霍尔首先在金属材料中发现了霍尔效应,后来人们发现某些半导体材料的霍尔效应十分显著,制成了霍尔元件。所谓霍尔效应是指当半导体中流过一个电流 I 时,若在与该电流垂直的方向上外加一个磁场,则在与电流及磁场分别成直角的方向上会产生一个电压。这种现象也称为霍尔效应,如图3.32所示。

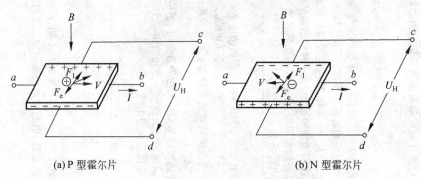

(a)P型霍尔片　　　　　　　(b)N型霍尔片

图3.32　霍尔效应

霍尔效应的产生是由于任何带电质点在磁场中沿垂直于磁力线方向运动时,都要受到磁场力,即洛伦兹力作用。如果将P型半导体薄片放入磁场中,通以固定电流,由于P型半导体的载流子是空穴,它的运动方向与电流相同。根据法拉第左手定则,如图3.32(a)所示,空穴在磁场中受力方向是从d指向c,空穴在这个力的作用下向c端运动,结果在c、d端之间形成电场。该电场对空穴也施加一电场力 F_e,其方向指向d端,阻止空穴进一步向c端运动。当c端空穴积累到一定程度,使得作用于空穴的电场力等于作用于空穴的洛伦兹力,便达到平衡状态。这时c端的空穴密度不再增加。于是在c、d端之间形成稳定的电场。相应的电势 U_H 称为霍尔电势,且霍尔电势的大小与控制电流 I、磁场磁感应强度 B 成正比,即

$$U_H = K_H IB \sin\alpha$$

式中,α 为电流与磁场方向的夹角;K_H 为霍尔系数,取决于材质、温度、元件尺寸。

如果换成N型半导体材料薄片,由于其载流子是电子,因此在磁场、电流方向相同的情况下,所产生的霍尔电势与P型半导体所产生的霍尔电势方向相反,如图3.32(b)所示。

如果改变 B 和 I,或者两者同时改变,就可以改变 U_H 值。运用这一特性就可把被测参数转换为电压变化。

为获得较强霍尔效应,霍尔元件全部采用半导体材料制成。霍尔元件由霍尔片、两对电极和外壳组成。霍尔片是一块矩形半导体单晶薄片(一般为 $4mm \times 2mm \times 0.1mm$),从基片两个垂直方向上各引出一对电极,其中一对是激励电极,称为控制电流端引线,通常用红色导线,其焊接处称为控制电极;一对是霍尔电势输出电极,通常用绿色导线,其焊接处称为霍尔电极。基片用陶瓷、金属、环氧树脂等封装作为外壳。霍尔元件的外形如图3.33(a)所示,符号如图3.33(b)所示。

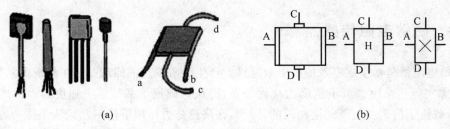

图 3.33　霍尔元件外形及符号

随着微电子技术的发展,将霍尔元件、恒流源、放大电路等电路集成到一起就构成了霍尔集成传感器,它具有体积小、灵敏度高、输出幅度大、温漂小、对电源稳定性要求低等优点。根据使用场合的不同,霍尔集成传感器主要有开关型和线性型两大类。

开关型集成霍尔传感器由稳压器、霍尔元件、差分放大器、施密特触发器和输出级五部分组成并集成在同一个芯片上。这种集成传感器一般对外为三只引脚,分别是电源、地和输出端。其应用电路非常简单,输出端通常需要接一个上拉电阻,如图 3.34 所示。开关型集成霍尔传感器常用于接近开关、速度检测及位置检测。

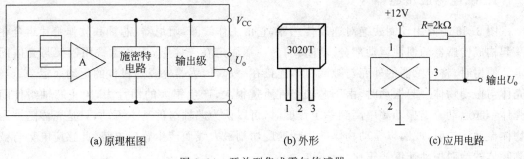

(a) 原理框图　　　　　　(b) 外形　　　　　　(c) 应用电路

图 3.34　开关型集成霍尔传感器

线性集成霍尔传感器一般由霍尔元件、差分放大、射极跟随输出及稳压四部分组成,如图 3.35(a)所示。当外加磁场时,霍尔元件产生霍尔电压,经放大器放大后输出,其输出电压与外加磁场成线性比例关系。与分立元件霍尔传感器相比,线性集成霍尔传感器的灵敏度大为提高。

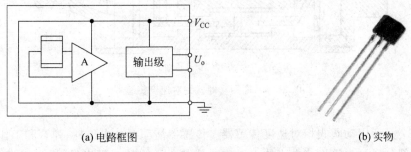

(a) 电路框图　　　　　　　　　　　(b) 实物

图 3.35　线性集成霍尔传感器

3.5.3 磁敏电阻传感器

磁敏电阻器是基于磁阻效应的磁敏元件。产生磁阻效应的原理是：在分析霍尔效应时没有考虑实际运动中载流子速度的统计分布，而认为载流子都按同一速度运动形成电流。实际上，载流子的速度是不完全相同的，因而，在洛伦兹力作用下使一些载流子往一边偏转。所以，半导体内电流分布是不均匀的，改变磁场的强弱就影响电流密度的分布，故表现为半导体的电阻变化。

磁阻效应与霍尔效应的区别是：霍尔电势是指垂直于电流方向的横向电压，而磁阻效应是指沿电流方向的电阻变化。

磁阻效应与材料性质及几何性状有关，一般迁移率大的材料，磁阻效应显著，元件的长宽比越小，磁阻效应越大。

3.5.4 应用实例

1. 磁电感应传感器

图 3.36 是商用动圈式绝对速度传感器，它由工作线圈、阻尼器、芯轴和软弹簧片组合在一起构成传感器的惯性运动部分。弹簧的另一端固定在壳体上，永久磁铁用铝架与壳体固定。使用时，将传感器的外壳与被测机体连接在一起，传感器外壳随机件的运动而运动。当壳体与振动物体一起振动时，由于芯轴组件质量很大，产生很大的惯性力，阻止芯轴组件随壳体一起运动。当振动频率高到一定程度时，可以认为芯轴组件基本不动，只是壳体随被测物体振动。这时，线圈以振动物体的振动速度切割磁力线而产生感应电势，此感应电势与被测物体的绝对振动速度成正比。

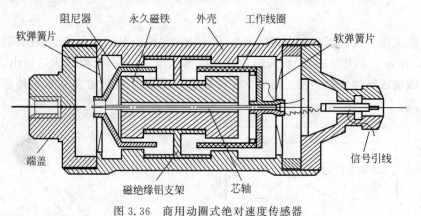

图 3.36 商用动圈式绝对速度传感器

图 3.37 是商用动圈式相对速度传感器。传感器活动部分由顶杆、弹簧和工作线圈连接而成，活动部分通过弹簧连接在壳体上。磁通从永久磁铁的一极出发，通过工作线圈、空气隙、壳体再回到永久磁铁的另一极构成闭合磁路。工作时，将传感器壳体与机件固接，顶杆顶在另一构件上，当此构件运动时，使外壳与活动部分产生相对运动，工作线圈在磁场中运

动而产生感应电势,此电势反映了两构件的相对运动速度。

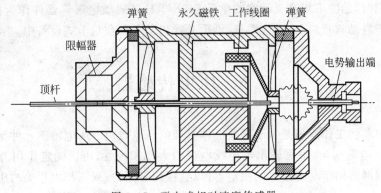

图 3.37 磁电式相对速度传感器

2. 霍尔传感器

霍尔元件在静止状态下具有感受磁场的独特能力,而且元件的结构简单可靠,体积小,噪声低,动态范围大,频率范围宽,寿命长,价格低,广泛应用于测量位移和可转化为位移的力、加速度等参量。另外还可用它来测量磁场变化。

图 3.38 为霍尔电流传感器,它将导线电流产生的磁场引入高磁导率的磁路中,通过磁路中插入的霍尔元件对该磁场进行检测,以此测量导线上的电流。这种霍尔电流传感器的测量范围很宽,可以测量从直流到高频的电流。

图 3.39 所示为霍尔转速传感器的工作原理,实际上是利用霍尔开关测量转速。在待测转盘上有一对或多对小磁铁,小磁铁越多,分辨率越高。霍尔开关固定在小磁铁附近。转盘以角速度 ω 旋转,每当一个小磁铁转过霍尔开关集成电路时,霍尔开关便产生一个相应的脉冲。测出单位时间内的脉冲数,即可确定待测物体的转速。

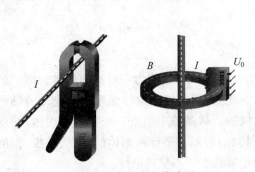

图 3.38 霍尔电流传感器

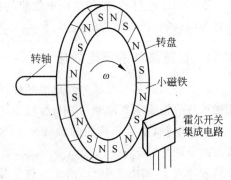

图 3.39 霍尔转速传感器的工作原理

3. 磁敏电阻传感器

磁敏电阻的应用范围比较广,可以利用它制成磁场探测仪、位移和角度检测器、安培计、接近开关及交流放大器等。

纸币及预付卡识别设备在对纸币或支票等含有磁性油墨印刷的文字或符号产生的磁场形状进行识别时，通常采用高灵敏度的单晶 InSb 半导体磁敏电阻等器件作为检测传感器。它广泛应用于自动售货机、自动售票机、纸币兑换机及各种预付卡式设备中。

3.6 压电传感器

压电传感器的工作原理是基于某些晶体材料的压电效应。压电敏感元件感受力的作用而产生电压或电荷输出，根据输出电压或电荷的大小和极性，可以确定作用力的大小和方向。压电传感器适用于动态信号的测量，可以直接用于测力，或测与力相关的压力、位移、振动加速度等。

3.6.1 压电效应

某些物质（如石英、钛酸钡等）受到一定方向的外力，不仅几何尺寸发生变化，而且内部极化，表面有电荷出现，形成电场。当外力去除后，又重新回复到原不带电状态，这种现象称为正压电效应。若将这些物质置于外加电场中，将产生机械变形，这种现象称为逆压电效应或电致伸缩效应。压电传感器利用材料的正压电效应，通常均简称为压电效应。压电效应是具有极性的，如果外加作用力从压力改变为拉力，则在介质表面上所产生的电荷也会相应改变符号。

具有压电效应的材料称为压电材料。压电材料有压电晶体，即单晶体，如天然石英晶体、人造石英晶体、酒石酸钾钠、电气石等；压电陶瓷，即人工制造的多晶体，如钛酸钡、锆钛酸铅（简称 PZT）等；近年来新发展起来的用有机聚合物的铁电体加工出的压电薄膜，是一种具有柔性的薄膜压电材料，常用的有聚偏氟乙烯（PVDF）等，它适于特殊表面形状上的测力，是一种很有前途的压电材料。

不同的压电材料，其产生压电效应的物理机理并不完全相同。下面以石英晶体和压电陶瓷为例，说明压电效应的机理。

1. 石英晶体的压电效应

石英晶体的基本形状为六角形晶柱，如图 3.40(a) 所示，两端为一对称的棱锥。用三根互相垂直的轴表示其晶轴，其中，纵轴线 z-z 称为光轴，通过棱柱棱线而垂直于光轴的轴线 x-x 称作电轴，垂直于棱面的轴线 y-y 称作机械轴。从晶体中切下一个平行六面体，并使其晶面分别平行于 z-z，y-y，x-x 轴线，如图 3.40(b) 所示。平行六面体的厚度、长度、宽度分别为 a、b、c，如图 3.40(c) 所示。这个晶片在正常状态下不呈现电性。

当 x-x 方向施加外力 F_x 时，晶片极化，沿 x-x 方向形成电场，其电荷分布在垂直于 x-x 轴的平面上，如图 3.41(a) 所示，这种现象称为纵向压电效应；当沿 y 方向对晶片施加外力 F_y 时，则在垂直于 x-x 轴的平面上产生电荷，如图 3.41(b) 所示，这种现象称为横向压电效应；沿晶片相对两棱施加外力，晶体表面便产生电荷，这种现象称为切向压电效应，如图 3.41(c) 所示；沿 z 轴对晶片施加外力 F_z 时，则不论外力的大小和方向如何，晶片的表面都不会极化。压电传感器主要利用纵向压电效应。

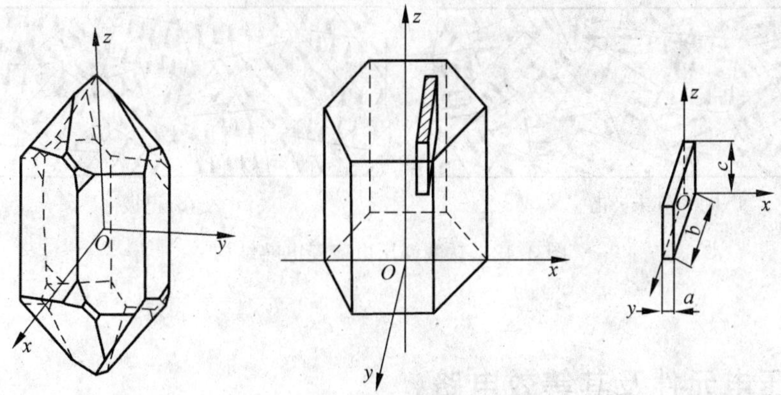

(a) 基本形状　　　　(b) 切出平行六面体　　　　(c) 六面体的尺寸

图 3.40　石英晶体

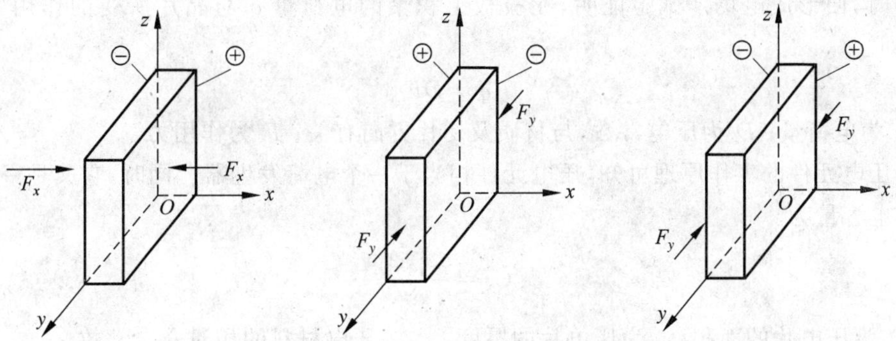

(a) 纵向压电效应　　　　(b) 横向压电效应　　　　(c) 切向压电效应

图 3.41　石英晶体受力后的极化现象

2. 压电陶瓷的压电效应

压电陶瓷是人工制造的多晶压电材料,具有与铁磁材料"磁畴"类似的"电畴"。所谓电畴是分子自发形成,具有一定的极化方向的区域。在无外电场作用时,各个电畴在晶体中杂乱分布,它们的极化效应被互相抵消,因此原始的压电陶瓷呈中性,不具有压电性质。钛酸钡压电陶瓷未极化时的电畴分布情况如图 3.42(a)所示。

为了使压电陶瓷具有压电效应,必须在一定温度下通过强电场的作用,对其作极化处理。所谓极化处理是指按一定的规范在高压电场下放置人造压电材料几小时,使之内部晶体排列整齐的处理过程,如图 3.42(b)所示。压电陶瓷经极化处理后,陶瓷材料内部仍存在很强的剩余极化强度。当在极化方向上施加压力时,压电陶瓷有微小缩短,使已极化的电畴又有所转向,电场极化强度发生变化,使两极上电荷数量发生变化,这就是压电陶瓷的压电效应。

天然晶体性能稳定,力学性能也很好;人造晶体的灵敏度较高,所以它们分别在不同的领域中得到应用。

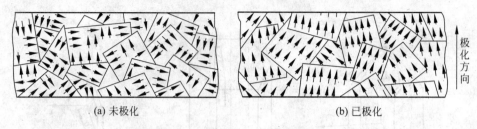

图 3.42　钛酸钡压电陶瓷电畴结构

3.6.2　压电元件及其等效电路

压电传感器的压电元件是在两个工作面上蒸镀有金属膜的压电晶片，金属膜构成两个电极，如图 3.43(a)所示。当压电晶片受到力的作用时，在两极上产生等量而极性相反的电荷时，便形成电场。试验证明，在极板上积聚的电荷量 q 与晶片所受的作用力 F 成正比，即

$$q = DF$$

式中，q 为电荷量；D 为压电常数，与材质及切片方向有关；F 为作用力。

由压电元件的工作原理可知，压电元件相当于一个电荷发生器。同时，它又是一个电容器。其电容量为

$$C_a = \frac{\varepsilon_r \varepsilon_0 A}{\delta}$$

式中，A 为压电片的面积；δ 为压电片的厚度；ε_r 为压电材料的相对介电常数。

因此，通常将压电元件等效为一个与电容并联的电荷源或一个与电容串联的电压源，其电路分别如图 3.43(b)和图 3.43(c)所示。电容器上的电压 U_a、电荷量 q 和电容量 C_a 三者关系为

$$U_a = \frac{q}{C_a}$$

在实际使用时，压电传感器总要与测量仪器或测量电路相连接，由于压电传感器本身所产生的电荷量很小，而本身的内阻又很大，因此，压电传感器连接入后续测量电路，还需要考虑连接电缆的等效电容 C_c、放大器的输入电阻 R_i、输入电容 C_i 以及压电传感器的泄漏电阻 R_a。这样，压电传感器在测量系统中的实际等效电路如图 3.44 所示。

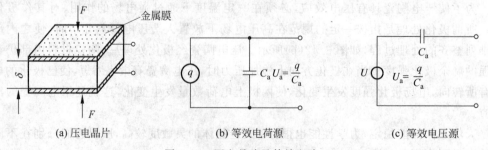

(a) 压电晶片　　　　　　(b) 等效电荷源　　　　　　(c) 等效电压源

图 3.43　压电晶片及等效电路

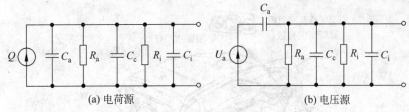

图 3.44 压电元件的实际等效电路

压电元件在传感器中必须有一定的预紧力,以保证作用力变化时,压电元件始终受到压力。其次要保证压电元件与作用力之间的全面均匀接触,以获得输出电压或电荷与作用力的线性关系。但预紧力也不能太大,否则会影响其灵敏度。

压电晶体在受力变形后所产生的电荷量是极其微弱的,压电片本身的内阻很大,压电片所能输出的功率极为微弱,因此,压电式传感器后续需要接放大电路。

3.6.3 应用实例

1. 加速度传感器

由于压电元件的自振频率高,特别适合测量变化剧烈的载荷。压电式加速度传感器的结构和实物如图 3.45 所示。

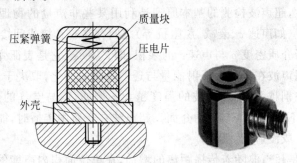

图 3.45 压电式加速度传感器的结构和实物

压电式加速度传感器实质上是一个惯性力传感器。在压电晶片 K 上,放有质量块 M。在测振动时,将传感器与被测物体固定在一起,当被测物体振动时,作用在压电晶体上的力 $F = Ma$,压电晶体上产生的电荷与加速度 a 成正比,即

$$q = DF = DMa$$

因此,测得加速度传感器输出的电荷便可知加速度的大小。经过一次积分可得速度,二次积分可得位移。

汽车上都安装了安全气囊,当遇到前后方向碰撞时,它能起到保护驾驶员的作用。如图 3.46 所示,它在汽车前副梁左右两边各安装一个能够检测前方碰撞的加速度传感器,在液压支架底座连接桥洞的前室内也安装有两个同样的传感器,前副梁上的传感器一般设置成当受到 $12.3g$ 以上的碰撞时能自动打开气囊开关。此外,室内传感器被设置成当从正面受到 $2.3g$ 以上的冲击时,能自动打开气囊开关。

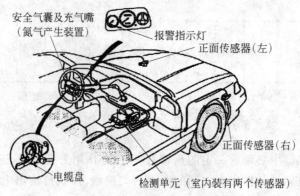

安全气囊及充气嘴
（氮气产生装置）
报警指示灯
正面传感器(左)
电缆盘
检测单元（室内装有两个传感器）
正面传感器(右)

图 3.46　压电式加速度传感器在安全气囊中的应用

2. 超声波传感器

超声波和声波一样，都是弹性介质的机械振动波。通常将人耳能感觉到的，频率在 $20\sim20\text{kHz}$ 的振动波称为声波；频率在 20kHz 以上的振动波称为超声波。超声波具有波长短，方向性好，易于形成光束的特点。

超声波在介质中传播时，与光波相似，即超声波在均匀介质中按直线方向传播，但到达界面或遇到另一种介质时，遵循几何光学的基本规律，具有反射、折射、聚焦以及能量衰减等特性。基于这些特性，超声波检测的基本原理是利用某些非声量的物理量与描述超声波媒质声学特性的超声量(如声速 c 、衰减、声阻抗等)之间存在着直接或间接的关系。

所谓声阻抗是指介质密度 ρ 与声速 c 的乘积，即 $Z_c=\rho c$ ，它是表征弹性介质的声学性质的一个重要参量。超声波在界面上反射能量与透射能量的变化，取决于两种介质的声阻抗。若两介质的声阻抗差别越大，则反射波的强度越大。例如，钢与空气的声阻抗特性相差 10 万倍，故超声波几乎不通过空气与钢的介面。超声波在介质中传播时，能量的衰减(损失)取决于波的扩散、散射(或漫射)及吸收。

所谓扩散衰减，是超声波随着传播距离的增加，在单位面积内声能的减弱；散射衰减是由于介质不均匀性产生的能量损失，例如金属结晶组织的各向异性或在粗大晶粒表面上的散射等；超声被介质吸收后，将声能直接转换为热能，这是由于介质的导热性、黏滞性及弹性滞后性造成的。

超声波检测采用超声波源向被测介质发射超声波，然后接收与被测介质相作用之后的超声波，从中得到所需信息，其检测过程如图 3.47 所示。

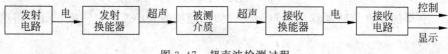

图 3.47　超声波检测过程

超声波探头是实现声、电转换的装置，它能发射超声波和接收超声回波。超声波探头按其作用原理可分为压电式、磁致伸缩式和电磁式等，其中以压电式最常用。常见的超声波探头包括直探头、斜探头、双晶探头、水浸探头、聚焦探头和空气超声探头等。

压电式超声波直探头结构和实物如图 3.48 所示。压电片是换能器中的主要元件,大多做成圆板形。压电片的厚度与超声频率成反比。作为导电的极板,压电片的底面接地线,上面接导线引至电路中。

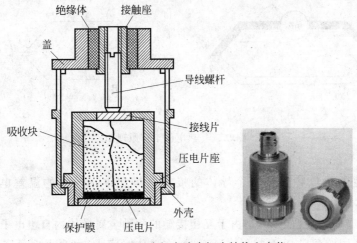

图 3.48　压电式超声波直探头结构和实物

通过对超声量的测定,可以实现液位、流量、温度、流体黏度、厚度、距离以及探伤等参数的测量。

如图 3.49 所示为反射脉冲法超声测厚原理。双晶直探头中的压电晶片发射超声振动脉冲,超声脉冲到达试件底面时,被反射回来,并被另一只压电晶片所接收,把发射和接收脉冲加到示波器上就可以得到类似于图 3.49(b) 的波形,只要测出发射超声波脉冲到接收超声波脉冲所需的时间 t,再乘以被测体的声速常数 c,那么试件厚度 h 很容易求得,即 $h = ct/2$。

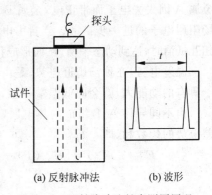

(a) 反射脉冲法　　　(b) 波形

图 3.49　反射脉冲法超声测厚原理

3.7　热电传感器

热电传感器是利用某些材料或元件的物理特性同温度有关这一性质,将温度变化转换为电量变化的传感器。工程中常用的热电式传感器有热电偶、热电阻、热敏电阻及集成的温度传感器等。

3.7.1　热电偶传感器

1. 工作原理

将 A、B 两种不同材料的导体组成一个闭合回路,如图 3.50(a)所示,若两个结合点的温度不同,则在回路中有电流产生,这种现象称热电效应,亦称塞贝克效应,相应的电势称热电势。A、B 组成的闭合回路称热电偶,A、B 称热电极,两电极的连接点称接点。测温时置于被测温度场 T 的接点称热端,在温度 T_0 的另一端称冷端。

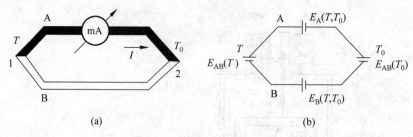

图 3.50　热电偶工作原理

热电偶产生的热电势是由两个导体的接触电势和单一导体的温差电势组成的,如图 3.50(b)所示。

接触电势,亦称帕耳帖电势,是由于互相接触的两种金属导体内自由电子的密度不同造成的。当两种不同的金属 A、B 接触在一起时,在单位时间内,由自由电子密度高的金属 A 扩散到自由电子密度低的金属 B 的电子数要比从金属 B 扩散到金属 A 的电子数多。这样,金属 A 因失去电子而带正电,金属 B 因得到电子而带负电,于是在节点处便形成电场,该电场阻碍电子的进一步扩散。当自由电子密度的不同引起的扩散能力与静电场的反扩散作用相互抵消时,达到动态平衡,从而形成稳定接触电势。接触电势的大小与节点处的温度有关。

温差电势,亦称汤姆逊电势,是由于同一导体两端温度不同而形成的,即高温端自由电子具有的动能大,就会向低温端扩散,高温端失去电子而带正电,低温端得到电子而带负电。

由不同导体 A、B 组成的热电偶,回路的总热电势为两个节点的接触电势和两个导体温差电势的代数和,即

$$E_{AB}(T,T_0)=[E_{AB}(T)-E_{AB}(T_0)]+[-E_A(T,T_0)+E_B(T,T_0)]$$

$$=\frac{k}{e}(T-T_0)\ln\frac{n_A}{n_B}-\int_{T_0}^{T}(\sigma_A-\sigma_B)\mathrm{d}T$$

式中,σ_A、σ_B 为汤姆逊系数,其值与金属材料性质和两端温度有关;k 为玻尔兹曼常数,$k=1.38\times10^{-23}\mathrm{J/K}$;$e$ 为电子电荷量,$e=1.6\times10^{-19}\mathrm{C}$;$n_A$、$n_B$ 为导体 A、B 的自由电子的密度,$n_A\neq n_B$。

由上式可知:

(1) 热电偶必须由两种不同的材料构成。

(2) 两个节点必须有温度差。

(3) 热电势的大小仅与热电极材料的性质、两个节点的温度有关,与热电偶的尺寸及形状无关。因此热电极材料相同的热电偶可以互换。

由于金属中的自由电子很多,温度变化对电子密度的影响很小,所以在同一导体内的温差电势极小,可以忽略不计。因此上式可表示为

$$E_{AB}(T,T_0)=\frac{k}{e}(T-T_0)\ln\frac{n_A}{n_B}$$

所以 A、B 材料选定后,热电势 $E_{AB}(T,T_0)$ 是温度 T 和 T_0 的函数差,即

$$E_{AB}(T, T_0) = f(T) - f(T_0)$$

若使冷端温度 T_0 保持不变,则热电势 $E_{AB}(T, T_0)$ 为 T 的单值函数。因此通过测量热电势就可求出被测温度 T。

热电偶的结构如图 3.51 所示。我国常用的四种热电偶的主要性能和特点如表 3.8 所示。

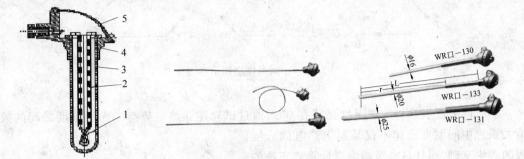

图 3.51　热电偶结构和实物

1—热电极；2—绝缘套管；3—保护管；4—接线盒；5—接线盒盖

表 3.8　常用热电偶主要性能和特点

热电偶名称	分度号	适用温度/℃	特　　点
镍铬-铜镍	E	$-40 \sim 800$	适用于还原气氛中,灵敏度高,价格低,但使用温度区窄,易氧化,高温具有滞后现象
镍铬-镍硅	K	$-40 \sim 1000$	线性度好。适用于氧化性气体,耐金属蒸气,价格便宜,但略有滞后现象,高温还原气氛中易腐蚀
铂铑$_{10}$-铂	S	$0 \sim 1400$	稳定性好,可作标准热电偶,可在氧化性和中性介质中使用,但铂分子易挥发而变质,热电势小,成本高
铂铑$_{30}$-铂铑	B	$300 \sim 1700$	可长期应用于 1600℃高温,适合于氧化及中性介质中使用,但常温时热电势小,价格高

2. 基本定律

(1) 均质导体定律。由一种性质均匀的导体组成的闭合回路,当有温差时不产生热电势。该定律表明:①热电偶必须由两种不同性质的热电极组成;②提供了一种检查热电极材料均匀性的方法。热电极材料的均匀性是衡量热电偶质量的重要指标之一。

(2) 中间导体定律。在热电偶测温中,用连接导线将热电偶与测量仪表接通,这相当于在热电偶回路中接入第三种导体 C,如图 3.52 所示。只要第三种导体两端的温度相等,就不会改变总热电势的大小。

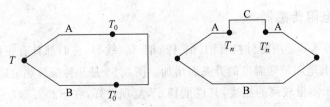

图 3.52　有中间导体的热电偶回路

（3）中间温度定律。热电偶回路中，热端温度为 T、冷端为 T_0 时的热电势，等于此热电偶热端为 T、冷端为 T_n，及同一热电偶热端为 T_n、冷端为 T_0 时热电势的代数和，如图 3.53 所示。即

$$E_{AB}(T, T_0) = E_{AB}(T, T_n) + E_{AB}(T_n, T_0)$$

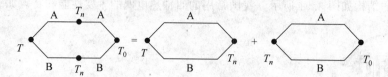

图 3.53　中间温度定律示意图

热电偶分度表是将冷端温度保持在 0℃，通过试验建立热电势与工作端温度之间的数值关系。中间温度定律不仅是制定热电偶分度表的理论基础，而且是参考端温度计算修正法的理论依据。在实际热电偶测温回路中，利用该定律，可对参考端温度不为 0℃ 的热电势进行修正。

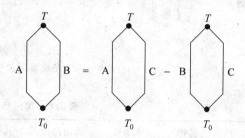

图 3.54　标准电极定律

（4）标准电极定律。如图 3.54 所示，若两种导体 A、B 分别与第三种导体 C 组成的热电偶所产生的热电势已知，则导体 A、B 组成热电偶的热电势为

$$E_{AB}(T, T_0) = E_{AC}(T, T_0) - E_{BC}(T, T_0)$$

其中，C 称为标准电极，常用纯铂。有了标准电极定律，热电偶的选配工作大为简化，只要知道一些材料与标准电极相配时的热电势，就利用上式求出任何两种材料配成热电偶的热电势。

【例 3.1】　用镍铬-镍硅热电偶测炉温，当冷端温度 $T_0 = 30℃$ 时，测得热电势为 39.17mV，则实际炉温是多少？

解：根据中间温度定律

$$E_{AB}(T, T_0) = E_{AB}(T, T_n) + E_{AB}(T_n, T_0)$$

由 30℃ 查分度表得 12mV，测得热电势为 39.17mV，则总的热电势为 40.37mV，查分度表，得 977℃，即实际炉温为 977℃。

3.7.2　热电阻传感器

热电阻传感器的工作原理基于热阻特性，即利用导电物体电阻率随温度变化而变化的特性。按热敏材料的不同，分为金属热电阻传感器和热敏电阻传感器。

1. 金属热电阻传感器

金属热电阻传感器常用的材料有铂、铜、镍、铟、锰、铁等，它们都具有正的温度系数，即在一定温度范围内，其电阻值随温度的升高而增加。图 3.55 是几种金属热电阻传感器的结构。

铂热电阻适于测量较高的温度，其性能稳定，复现性好，在 $-259.347 \sim 961.78℃$ 的温度范围内被规定为基准温度计。铂热电阻的缺点是电阻温度系数较小，价格昂贵。目前我国

规定工业用铂热电阻有 $R_0=10\Omega$ 和 $R_0=100\Omega$ 两种,它们的分度号分别为 Pt_{10} 和 Pt_{100},其中以 Pt_{100} 最为常用。

在一些测量精度要求不高且温度较低的场合,多采用铜热电阻进行测温。铜热电阻物理和化学性能稳定,在 $-30\sim100℃$ 温度范围内性能很好,热阻特性基本呈线性关系,测量精度高,成本低。铜热电阻缺点是易氧化,不适宜在腐蚀性介质或高温下工作。铜热电阻的两种分度号为 $Cu_{50}(R_0=50\Omega)$ 和 $Cu_{100}(R_0=100\Omega)$。

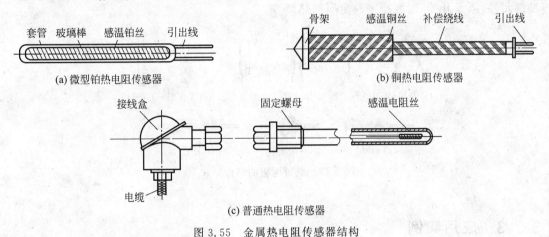

(a) 微型铂热电阻传感器　　(b) 铜热电阻传感器

(c) 普通热电阻传感器

图 3.55　金属热电阻传感器结构

由于金属热电阻传感器的电阻丝将温度(热量)的变化转变成电阻的变化,因此它们必须接入信号转换调理电路中,将电阻的变化转换成电流或电压的变化,再进行后续测量。

在工业上金属热电阻传感器广泛应用于低温($-200\sim+500℃$)测量(测高温时常用热电偶传感器)。

2. 热敏电阻传感器

热敏电阻传感器的传感元件由锰、镍、铜、钴、铁等金属氧化物粉料按一定配方压制成型,经 $1000\sim1500℃$ 高温烧结而成,其引出线一般是银线,如图 3.56 所示。热敏电阻的结构和符号如图 3.57 所示,其结构形式如图 3.58 所示。

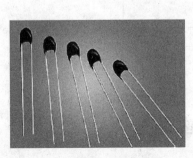

图 3.56　热敏电阻传感器

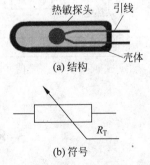

(a) 结构

(b) 符号

图 3.57　热敏电阻的结构及符号

热敏电阻是非线性元件,它的温度-电阻关系是指数关系,通过热敏电阻的电流和热敏电阻两端的电压不服从欧姆定律。

热敏电阻电阻温度系数大、形小体轻、热惯性大、结构简单、价格经济,同时,热敏电阻对于特定的温度点的检测十分灵敏,因此热敏电阻可用作检测元件、电路保护元件等。例如,当热敏电阻中流过电流时会发热,若超过急变的温度,电阻就变大,因此,用于恒温器上能保持一定的内部温度,装于干燥器上可起到温度开关的作用。此外,热敏电阻被广泛用作温度补偿元件、限流开关、温度报警及定温加热器等。

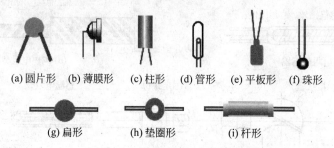

(a) 圆片形　(b) 薄膜形　(c) 柱形　(d) 管形　(e) 平板形　(f) 珠形

(g) 扁形　　　(h) 垫圈形　　　(i) 杆形

图 3.58　热敏电阻的结构形式

3.7.3　应用实例

热电偶炉温控制系统如图 3.59 所示。图中毫伏定值器给出设定温度的相应毫伏值,热电偶的热电势与定值器的毫伏值相比较,若有偏差则表示炉温偏离给定值,此偏差经放大器送入调节器,再经过晶闸管触发器推动晶闸管执行器来调整电炉丝的加热功率,直到偏差被消除,从而实现控制温度。

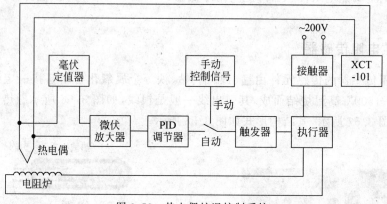

图 3.59　热电偶炉温控制系统

3.8　光电传感器

光电传感器是各种光电检测系统中实现光电转换的关键元件,其工作原理是以光电效应为基础,将光信号转换成电信号。光电传感器具有频谱宽、不受电磁干扰的影响、体积小、重量轻、造价低等优点，广泛地应用在生物、化学、物理和工程技术等领域。

3.8.1 光电效应与光电元件

1. 光电效应

光电效应就是在光线作用下，物体吸收光能量而产生相应电效应的一种物理现象。光电效应分为外光电效应、内光电效应两类。

外光电效应是指在光照作用下，物体内的电子从物体表面逸出的现象。基于外光电效应的光电元件有光电管、光电倍增管等。

内光电效应是指在光照作用下，其内部的原子释放出电子，但这些电子并不逸出物体表面，而仍留在内部，物体的导电性能发生变化或产生光生电动势的现象。内光电效应又可分为两类，其一是光电导效应，即在光作用下，电子吸收光子能量，使半导体材料导电率显著改变，基于这种光电效应的光电元件有光敏电阻；其二是在光作用下，使半导体材料产生一定方向的电动势，基于这种光电效应的光电元件有光电池和光敏管（光敏二极管和光敏三极管）。

2. 光电管

光电管结构和连接电路如图 3.60 所示。光电管由一个阴极 K 和一个阳极 A 构成，共同封装在一个真空玻璃泡内。阴极 K 和电源负极相连。阳极 A 通过负载电阻同电源正极相接，因此管内形成电场。当光照射阴极时，电子便从阴极逸出，在电场作用下被阳极收集，形成电流 I，该电流及负载 R_L 上的电压将随光照强弱而变化，从而实现光信号转换为电信号的目的。

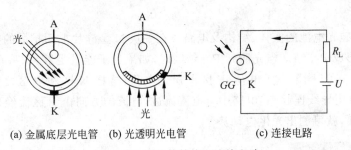

(a) 金属底层光电管   (b) 光透明光电管   (c) 连接电路

图 3.60 光电管结构和连接电路

3. 光敏电阻

光敏电阻传感器的工作原理是基于内光电效应或光导效应，即某些半导体材料受到光线照射时，吸收一部分能量，激发出电子-空穴对，增大了导电性能，电阻降低；光照停止，自由电子与空穴逐渐复合，又恢复原电阻值。

图 3.61 为光敏电阻传感器。图 3.62(a) 为金属封装的硫化镉光敏电阻的结构。在玻璃底板上均匀地涂上一层薄薄的半导体物质，称为光导层。半导体的两端装有金属电

图 3.61 光敏电阻传感器

极,金属电极与引出线端相连接,光敏电阻通过引出线端接入电路。为了提高灵敏度,光敏电阻的电极一般采用梳状图案,如图3.62(b)所示。图3.62(c)为光敏电阻的接线图。

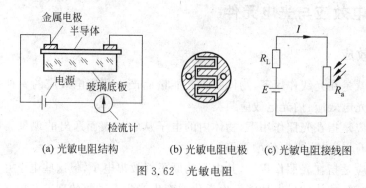

(a) 光敏电阻结构　　　(b) 光敏电阻电极　　(c) 光敏电阻接线图

图3.62　光敏电阻

光敏电阻的主要参数有暗电阻、暗电流、亮电阻、亮电流、光电流等。光敏电阻不受光照射时的阻值为暗电阻,此时流过的电流为暗电流;光敏电阻在受到光照射时的阻值为亮电阻,此时流过的电流为亮电流;亮电流与暗电流之差称为光电流。

光敏电阻具有很高的灵敏度,光谱响应的范围很大,从紫外区到红外区,而且体积小、性能比较稳定、价格比较低廉。因此,光敏电阻主要用作自动控制中的开关元件,也称光电导管。当光电导管不受光照时,光电导管电阻很大而不导通,在电阻两端没有电压输出;当光电导管接受光照后,光电导管的电阻明显下降,光电导管导通,在电阻两端产生电压输出,从而起到了"关"和"开"的作用。由于光敏电阻的输出/输入特性的线性度很差,因此不宜用作测试元件。

4. 光电池

图3.63是硅光电池的实体、结构及电路。在一块N型硅片上用扩散的办法掺入一些P型杂质(如硼)形成PN结。当光照到PN结区时,如果光子能量足够大,将在结区附近激发出电子-空穴对,在N区聚积负电荷,P区聚积正电荷,这样N区和P区之间出现电位差。若将PN结两端用导线连起来,电路中有电流流过,电流的方向由P区流经外电路至N区。若将外电路断开,就可测出光生电动势。

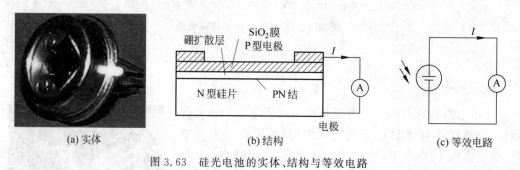

(a) 实体　　　　　　　(b) 结构　　　　　　　　(c) 等效电路

图3.63　硅光电池的实体、结构与等效电路

5. 光敏二极管和光敏三极管

光敏二极管的结构与一般二极管相似,其基本结构也是一个PN结。它装在透明玻璃

外壳中,其 PN 结装在管的顶部,可以直接受到光照射。光敏二极管在电路中一般是处于反向工作状态,没有光照射时,反向电阻很大,反向电流很小。受光照射时,PN 结附近受光子轰击,吸收其能量而产生电子-空穴对,使通过 PN 结的反向电流大为增加,形成了光电流。光敏二极管的实体、结构、符号及接线如图 3.64 所示。

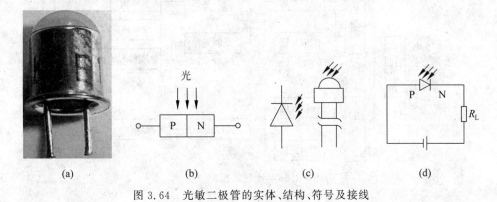

图 3.64 光敏二极管的实体、结构、符号及接线

光敏三极管有 PNP 型和 NPN 型两种。其结构与一般三极管相似,具有两个 PN 结。发射极一边做得很大,以扩大光的照射面积。大多数光敏三极管基极不接引线,当集电极加上相对于发射极为正的电压而不接基极时,集电结就是反向偏压,当光照射在集电结时,就会在结附近产生电子-空穴对,光生电子被拉到集电极,基区留下空穴,使基极与发射极间的电压升高,这样便会有大量的电子流向集电极,形成输出电流,并是光电流的 β 倍。光敏三极管的实体、结构、符号及接线如图 3.65 所示。

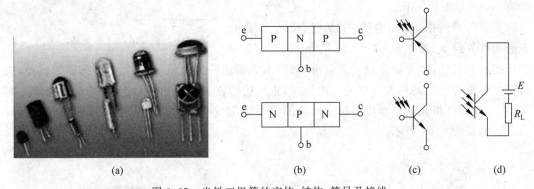

图 3.65 光敏三极管的实体、结构、符号及接线

3.8.2 光栅传感器

早期人们利用光栅的衍射效应进行光谱分析和光波波长的测量,20 世纪 50 年代人们利用光栅的莫尔条纹现象进行精密测量,从而出现光栅传感器。近年来,光栅传感器在精密测量领域中的应用得到迅速发展。

　　光栅的种类很多，按其原理不同，分为物理光栅和计量光栅。物理光栅是利用光的衍射现象，主要用于光谱分析和光波长的测量；计量光栅是基于莫尔条纹原理，主要用于长度、角度、速度、加速度和振动等物理量的测量。计量光栅分类如图 3.66 所示。

图 3.66　计量光栅的分类

1. 工作结构

　　光栅是一种在基体材料上刻制有等间距条纹的光学元件，如图 3.67 所示，a 为光栅栅线宽度，b 为缝隙宽度，$a+b=W$ 称为光栅栅距（或光栅常数），是光栅的重要参数。一般 $a=b$，也可做成 $a:b=1.1:0.9$，栅线密度一般为 10 条/mm、25 条/mm、50 条/mm、100 条/mm。

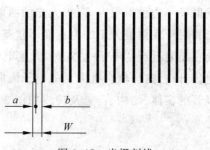

图 3.67　光栅刻线

　　光栅传感器由光源、透镜、主光栅、指示光栅和光电元件等组成，如图 3.68 所示。主光栅的刻线一般比指示光栅长，主光栅是测量的基准，与指示光栅组成光栅副，构成光栅传感器的核心，决定整个光栅传感器的精度。在进行测试时，主光栅通常和被测物体相连，并随被测物体一起移动，光电器件将光栅副形成的莫尔条纹的明暗强度变化转化为交流电信号输出。光栅传感器实物如图 3.69 所示。

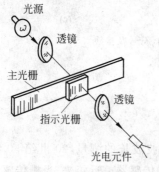

图 3.68　光栅传感器结构

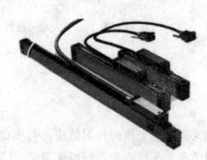

图 3.69　光栅传感器实物

2. 莫尔条纹

如图 3.70 所示,将主光栅和指示光栅叠合在一起,并且使它们的线纹相交一个微小的夹角 θ 时,由于遮光效应(刻线密度 $\leqslant 50$ 条/mm 的光栅)或光的衍射作用(刻线密度 $\geqslant 100$ 条/mm 的光栅),在 $a\text{-}a$ 线上,两光栅的栅线彼此重合,光线从缝隙中通过并形成亮带;在 $b\text{-}b$ 线上两光栅彼此错开,形成暗带,这种明暗相间的条纹称为"莫尔条纹"。

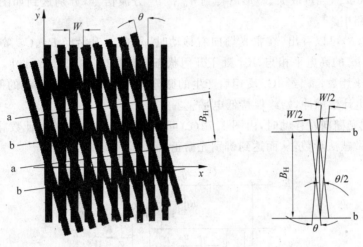

图 3.70 光栅莫尔条纹的形成

莫尔条纹的间距为

$$B_{\mathrm{H}} = \frac{W}{2\sin\dfrac{\theta}{2}} \approx \frac{W}{\theta}$$

莫尔条纹具有如下性质:

(1) 放大作用。当光栅移动一个栅距 W 时,莫尔条纹移动一个间距 B_{H},θ 越小,B_{H} 越大,相当于将栅距 W 放大 $\dfrac{1}{\theta}$ 倍。

(2) 平均效应。莫尔条纹由大量的栅线构成,对光栅的刻线误差有平均作用,能在很大程度上消除栅距的局部误差和短周期误差的影响。

(3) 对应关系。两光栅沿与栅线垂直的方向作相对运动时,莫尔条纹则沿光栅刻线方向上下移动。莫尔条纹移过的条纹数等于光栅移过的栅线数。

(4) 莫尔条纹的光强变化近似于正弦波的变化。光栅移动一个栅距 W,光强变化一个周期,如图 3.71 所示。便于采用细分技术,提高测量分辨率。

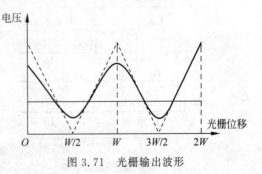

图 3.71 光栅输出波形

3. 辨向原理与细分电路

依据光栅传感器的测量原理,单个光电元件只能反映某个固定点的莫尔条纹的明亮变化,但不能辨别光栅的移动方向。为了判别光栅的移动方向,在莫尔条纹移动的方向上相距 1/4 条纹间距的位置安放 sin 和 cos 两套光电元件,从两个光电元件上得到两个相位差为 $\dfrac{\pi}{2}$ 的电信号 u_{os} 和 u_{oc},经过放大、整形后得到 u'_{os} 和 u'_{oc} 方波信号,分别送到如图 3.72(a)所示的辨向逻辑电路中。

从图 3.72(b)可以看出,在主光栅向右移动时,u'_{os} 的上升沿经 R_1、C_1 微分后产生尖脉冲 U_{R_1} 正好与 u'_{oc} 的高电平相与,IC_1 处于开门状态,与门 IC_1 输出计数脉冲,并送到计数器的加法端做加法计数;u'_{os} 经 IC_3 反相后产生的微分尖脉冲 U_{R_2} 正好被 u'_{oc} 的低电平封锁,与门 IC_2 无法产生计数脉冲,始终保持低电平。

反之,当主光栅向左移动时,由图 3.72(c)可知,IC_1 关闭,IC_2 产生计数脉冲,并送到计数器的减法端做减法计数,从而达到辨别光栅正、反方向移动的目的。

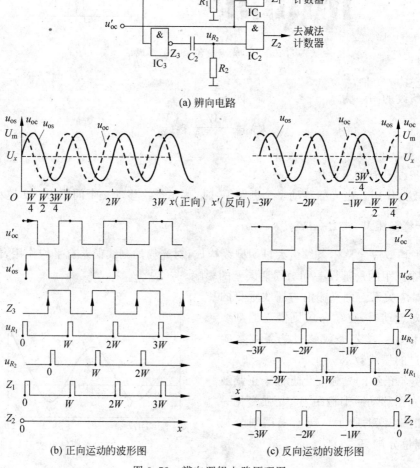

(a) 辨向电路

(b) 正向运动的波形图　　　　(c) 反向运动的波形图

图 3.72　辨向逻辑电路原理图

由前面分析可知,当光栅移动一个栅距 W 时,只输出一个脉冲信号,即计数器按照栅距 W 为最小单位进行计数。当光栅移动的距离比栅距 W 小时,则无法测量。为了提高分辨率,可采用细分技术。

所谓细分是指当光栅移动一个栅距 W 时,莫尔条纹变化一个周期,光电转换电路要输出若干个脉冲,从而使分辨率提高 $\frac{W}{n}$。由于细分后计数脉冲的频率提高,因此细分又称为倍频。常用的细分方法是四倍频细分,其逻辑电路如图 3.73 所示。

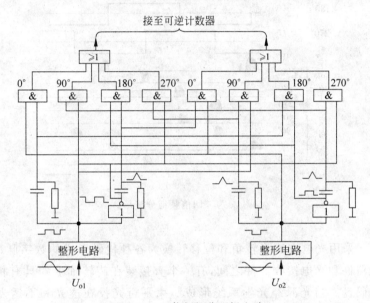

图 3.73 四倍频细分逻辑电路

利用这两个信号反相就得到四个依次相差 $\frac{\pi}{2}$ U_{o1}、U_{o2}、$\bar{U}_{o1}$、$\bar{U}_{o2}$,这样在一个栅距内获得了四个等距的信号,经处理获得四倍频输出信号,如图 3.74 所示。因此,可以根据运动方向,在一个栅距内得到四个正向计数脉冲,或是四个反向计数脉冲,提高了分辨率。例如,在正向运动时,0°方波信号所产生的微分脉冲则发生在 90°方波信号的"1"电平时;而在反向运动时,0°方波信号所产生的微分脉冲则发生在 270°方波信号的"1"电平时;根据它们的对应关系,就可以得到按 1/4 栅距细分的加减计数脉冲。

这种细分电路的优点是电路简单,对莫尔条纹波形无严格要求;缺点是不能得到高的细分数。如要求细分数高于 4,可采用其他方法细分,具体请参阅相关资料。

3.8.3 编码式传感器

编码式传感器简称编码器,能将直线运动量和转角转换成数字信号输出。按照其检测原理,分为电磁式、光电式和接触式等三种类型。光电式编码器具有体积小、分辨率高、可靠性好、使用方便、非接触测量等优点,是目前应用最为广泛的一种编码器。

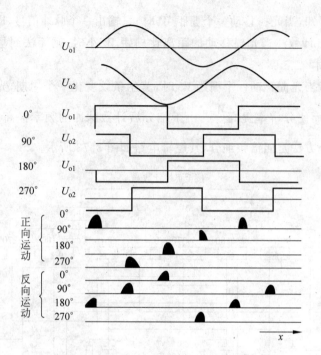

图 3.74　四倍频细分波形

　　光电编码器采用光电方法将转角和位移转换为各种代码形式的数字脉冲，如图 3.75 所示。在发光器件和光电接收器件之间，有一个直接装在旋转轴上的具有相当数量的透光扇形区的编码盘。当光源经光学系统形成一束平行光投在透光和不透光区的码盘上时，转动码盘，在码盘狭缝的另一侧就形成光脉冲，脉冲光照射在光电器件上就产生与之对应的电脉冲信号。光电编码器的精度和分辨率取决于光码盘的精度和分辨率，即取决于刻线数。

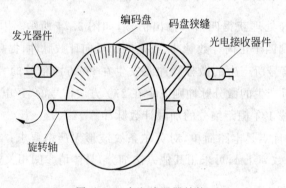

图 3.75　光电编码器结构

　　光电编码器按其结构形式分为直线式编码器和旋转式编码器；按脉冲信号性质分为增量式和绝对式两种。

1. 增量码盘

增量式编码盘结构原理如图 3.76(a)所示。固定在转轴上的窄缝圆盘均匀地刻有许多径向直线,刻线宽度与两根刻线之间间隔宽度相等,且刻线经过蒸镀处理后不透光。检测圆盘沿径向有两个小的刻线区,其刻线情况与窄缝圆盘刻线相同,两个小刻线区之间错开 1/2 刻线宽度(即 1/4 周期)。检测圆盘与窄缝圆盘的配置如图 3.76(b)所示。窄缝圆盘随轴一起转动时,光源发出的光投射到窄缝圆盘与检测圆盘上。当窄缝圆盘上的刻线正好与检测圆盘上的间隙对齐时,光线被全部遮住,光电变换器输出电压为最小;当窄缝圆盘上的刻线正好与检测圆盘的刻线对齐时,光线全部通过,光电变换器输出电压为最大。窄缝圆盘每转过一个刻线周期,光电变换器将输出一个近似的正弦波电压,且光电变换器 A、B 的输出电压相位差为 90°。经逻辑电路处理,测出被测轴的相对转角和转动方向,其逻辑处理和输出波形与光栅相似。

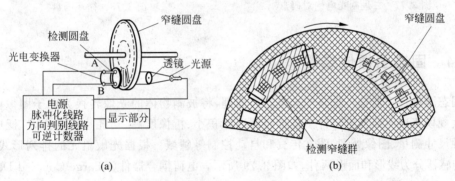

图 3.76 光电增量式码盘结构原理

增量码盘的输出只能反映两次读数之间转轴的角位移增量,若需测转轴的转速,需要一个时间基准,记下单位脉冲时间内的脉冲数。

2. 绝对码盘

图 3.77 所示是一种四位二进制绝对光电码盘,最外层的图案为低位道码,靠盘中心为高位道码。黑色部分表示高电平"1",白色部分表示低电平"0"。在 OA 线上每一码道设置一个光源,待测的角位移可由各个码道的二进制数表示,如 OB 直线上所代表的二进制码为"0010",它表示轴的绝对角位移。四位二进制码盘能分辨的最小角度为

$$\theta = \frac{360°}{2^n}$$

式中,n 为码盘的码道数。

二进制码盘虽然很简单,但有可能出现非单值性,如在直线 OA 上,二进制码可能出现"0011"或"0100"等多种数码。为了避免这种误差产生,可以采用循环码盘,如图 3.78 所示。循环码盘的特点是相邻两个数码之间只有一位数的变化,产生的误差最多只是最低的一位数。

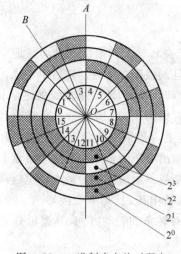

图 3.77   二进制光电绝对码盘

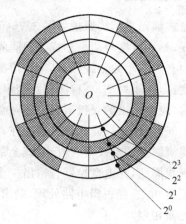

图 3.78   循环码盘

3.8.4   固态图像传感器

固态图像传感器是一种基于光电转换原理，将被测物体的光像转换为电子图像信号输出的大规模集成电路光电器件。该传感器以体积小、析像度高、功耗小等特点，广泛应用于非接触尺寸测量、图像处理、图文传真和自动控制等领域。根据光敏单元的排列形式，固态图像传感器分为线形和面形两种，如图 3.79 所示。电荷耦合器件（Charge-Coupled Devices，CCD）和互补金属-氧化物-半导体（Complementary Metal-Oxide-Semiconductor，CMOS）传感器是目前常采用的两种图像传感器。

(a) 线形   (b) 面形

图 3.79   固态图像传感器分类

CCD 是美国贝尔试验室于 1969 年发明的。构成 CCD 的基本单元是金属-氧化物-硅（Metal Oxide Semiconductor，MOS）电容器。如图 3.80(a)所示，在 N 型或 P 型 Si 衬底上生成 SiO_2 层，再在 SiO_2 层上按照一定的次序沉积金属电极构成 MOS 电容器。

CCD 的工作过程为电荷的产生、存储和转移。

1. 电荷的产生

在某一时刻给它的金属电极（栅极）加上正向电压 U_G，P-Si 中的多数载流子（此时是空穴）会受到排斥，在 Si 表面形成一个耗尽区。在一定条件下，所加 U_G 越大，耗尽区就越深。

这时 Si 表面吸收电子的势(即表面势 U_s)也就越大，MOS 电容器所能容纳电子电荷量就越大。

2. 电荷的存储

用"势阱"来比喻 MOS 电容器在 U_s 作用下存储信号电荷的能力，称存储在 MOS 势阱中的电荷为电荷包，如图 3.80(b)所示。势阱能够容纳电子数取决于 U_s 大小，而 U_s 大小又随 U_G 变化。如果 U_G 持续的时间不长，则在各个 MOS 电容器的势阱中蓄积的电荷量取决于照射到该点的光强，因此，某 MOS 电容器势阱中蓄积的电荷量可作为该点光强的度量。

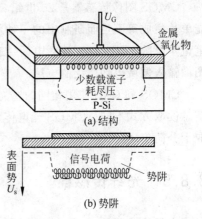

图 3.80　MOS 电容器及其表面势阱

3. 电荷转移

图 3.81 表示 CCD 的电荷转移过程。图 3.81(a)表示排列在一起的 MOS 电容器，通常相邻 MOS 电容电极间隙小于 $3\mu m$，以致耗尽区相互交叠。任何可以移动的信号电荷(电子)都力图堆积到表面势最大的位置。因此，在各个栅极上 φ_1、φ_2 加以不同幅值的正向脉冲，可以改变其对应的 MOS 的表面势 U_s，即可改变势阱的深度，从而使信号电荷由浅势阱向深势阱自由移动。

CCD 中电荷信号的输出有多种方式，其中一种输出结构为浮置扩散放大器输出结构，如图 3.82 所示。当电荷包转移到 φ_2 电极下的势阱时，若输出控制极处于高电位，则在势阱与浮置扩散区之间形成电荷通道，使 φ_2 下的势阱的信号电荷注入浮置扩散区，并充入电容器 C，信号电荷控制 MOSFET 管(绝缘栅场效应管)的栅极电位变化，这一作用结果必然改变该管源极输出电压 U_D，U_D 的大小与电荷包中电荷量成比例。测量完毕，输出控制极回零，而将复位控制极置高位，把浮置扩散区中剩余电荷抽到 CCD 漏极，等待下一个电荷包到来。

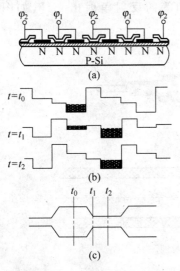

图 3.81　CCD 电荷转移过程

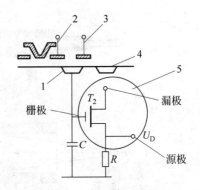

图 3.82　CCD 电荷转移过程

1—浮置扩散区；2—输出控制极；3—复位控制极；
4—CCD 漏极；5—MOSFET 管

CMOS 图像传感器是 20 世纪 80 年代为克服 CCD 生产工艺复杂、功耗较大、价格高、不能单片集成等不足而研制出的一种新型图像传感器。CMOS 图像传感器也已在台式电脑、笔记本电脑、掌上电脑、视频电话、扫描仪、数码相机、摄影机、监视器、车载电话、指纹认证等图像输入领域得到广泛的应用。

CMOS 和 CCD 使用相同的感光元件，具有相同的灵敏度和光谱特性，但光电转换后的信息读取方式不同。CMOS 光电传感器经光电转换后直接产生电流（或电压）信号，信号读取十分简单。

3.8.5　光纤传感器

光纤传感器是 20 世纪 70 年代中期发展起来的一种新型传感器。光纤传感器以光学测量为基础，将被测量转换成可测的光信号。光纤传感器具有灵敏度高、抗电磁干扰能力强、耐腐蚀、体积小、重量轻等许多优点，在各个领域获得广泛应用。

1. 工作原理

光学斯涅尔定律指出：光线从光密物质（折射率 n_1）射向光疏物质（折射率 n_2）且入射角 α 大于临界角时，满足关系式

$$\sin\alpha > \frac{n_2}{n_1}$$

则光线将在两物质的交界面上发生全反射。

光纤一般为圆柱形结构，由纤芯、包层和保护层组成，如图 3.83 所示。根据上述原理，光纤由于纤芯的折射率 n_1 大于包层的折射率 n_2，在角度为 2θ 之间的入射光，除去在玻璃中吸收和散射损耗的一部分外，其余大部分在界面上产生多次全反射，以锯齿形的路线在纤芯中传播，并在光纤的末端以与入射角相等的反射角射出光纤，如图 3.84 所示。

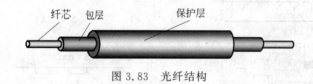

图 3.83　光纤结构

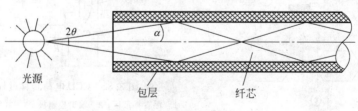

图 3.84　光纤的导光原理

光纤传感器与以电为基础的传感器相比有本质区别。一般的传感器将物理量转换为电量,用导线进行传输。光纤传感器是用光作为敏感信息的载体和传递敏感信息的媒质。

2. 光纤传感器的组成与分类

光纤传感器由光发送器、敏感元件、光接收器、信号处理系统及光纤等主要部分组成,如图 3.85 所示。

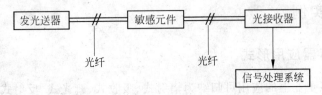

图 3.85　光纤传感器的构成

光纤传感器按光纤的作用,主要分为两类:功能型光纤传感器及非功能型光纤传感器(也称为物性型和结构型)。功能型光纤传感器利用对外界信息具有敏感能力和检测功能的光纤,构成"传"和"感"合为一体的传感器。光纤既起着传输光信号的作用,又可作敏感元件。工作时利用检测量去改变描述光束的一些基本参数,如光的强度、相位、偏振、频率等,它们的改变反映了被测量的变化。

非功能型光纤传感器主要是利用光纤对光的传输作用,由其他敏感元件与光纤信息传输回路组成测试系统,光纤在此仅起传输作用。

3.8.6　红外传感器

红外辐射是一种不可见光,是位于可见光中红色光以外的光线,也称红外线。红外辐射本质上是一种热辐射。红外线最大特点是具有光热效应,辐射热量,它是光谱中最大光热效应区,具有反射、折射、散射、干涉、吸收等性质。

红外传感器又称做红外探测器,是利用物体产生红外辐射的特性来实现自动检测的器件。红外线传感器包括光学系统、检测元件和转换电路。光学系统按结构不同可分为透射式和反射式两类。检测元件按工作原理可分为热敏检测元件和光电检测元件。热敏检测元件应用最多的是热敏电阻。光电检测元件常用的是光敏元件。常见的红外探测器有两类,即红外热探测器和红外光子探测器。

(1) 红外热探测器。该探测器是利用探测元件吸收入射辐射而产生热,造成温升,并借助各种物理效应把温升转换成电量的原理而制成的器件。最常用的有热电偶型、热敏电阻型、气动型、热释电型等。

红外热探测器主要用于温度检测和与温度相关的物理量的检测,广泛应用于工业、冶金、铁路、电力等行业。如在电力工业中,电力输电线上的接头处由于年长日久、接触不良而引起接触点过热、老化情况,为防止断线事故的发生,常用红外热探测器来监测。此外,红外热探测器还可以实现工件内部缺陷,如金属、陶瓷、塑料、橡胶等材料中的裂缝、孔洞、异物、气泡等的无损探伤以及金属构件焊接质量的检测。

（2）红外光子探测器。红外光子探测器的工作原理是基于半导体材料的光电效应。通常有光电、光电导及光生伏特等探测器。

红外线传感器测量时不与被测物体直接接触，因而不存在摩擦，并且有灵敏度高、响应快等优点。

红外光子探测器可以应用于大量的自动检测、控制以及计数等领域。

3.8.7 应用实例

1. 光电传感器应用形式

光电传感器在工业上的应用可归纳为辐射式、吸收式、遮光式、反射式四种基本形式，如图3.86所示。

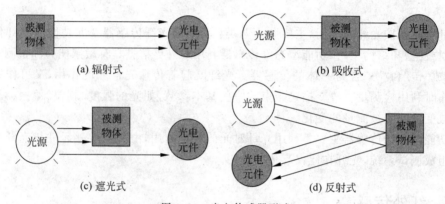

(a) 辐射式   (b) 吸收式

(c) 遮光式   (d) 反射式

图3.86 光电传感器形式

辐射式光电传感器，光辐射本身是被测物，被测物发出的光通量射向光电元件，可用于光电比色高温计，它的光通量是被测温度的函数。

吸收式光电传感器让恒光源的光通量穿过被测物，部分被吸收后到达光电元件上。吸收量取决于被测物介质中被测的参数。例如，测量液体、气体的透明度、浑浊度的光电比色计。

遮光式光电传感器，从恒光源发射到光电元件的光通量遇到被测物，被遮住了一部分，由此改变了照射到光电元件上的光通量。

反射式光电传感器，恒光源发出的光通量照到被测物体上，再从被测物表面反射后投到光电元件上。被测物表面的反射条件取决于表面性质或状态，光电元件的输出信号是被测量的函数。例如，测量表面粗糙度的传感器。

例如，防止工业烟尘污染是环保的重要任务之一，为了消除工业烟尘污染，需要知道烟尘排放量。烟道里的烟尘浊度可通过光在烟道里传输过程中的变化大小来检测，即如果烟道浊度增加，光源发出的光被烟尘颗粒吸收和折射增加，到达光检测器上的光减少，因而光检测器输出信号的强弱便可反映烟道浊度的变化。图3.87所示为吸收式烟尘浊度监测系统框图。选取可见光作光源（400～700nm波长的白炽光），光检测器光谱响应范围为400～

600nm 的光电管,获取随浊度变化的相应电信号。为了提高检测灵敏度,采用具有高增益、高输入阻抗、低零漂、高共模抑制比的运算放大器,对信号进行放大。刻度校正被用来进行调零与调满刻度,以保证测试准确性。显示器可显示浊度瞬时值。报警电路由多谐振荡器组成,当运算放大器输出浊度信号超过规定值时,多谐振荡器工作,输出信号经放大后推动喇叭发出报警信号。

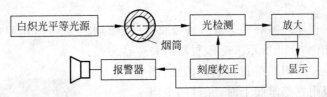

图 3.87　吸收式烟尘浊度监测系统框图

2. 固态图像传感器

图 3.88 表示用于测量热轧铝板宽度的典型实例,两个 CCD 线型传感器置于铝板的上方,板端的一小部分处于传感器的视场内,依据几何光学方法可以分别测知宽度 l_1、l_2,在已知两个传感器的视场间距 l_m 时,就可以根据传感器的输出计算出铝板宽度 L。图中 CCD 传感器 3 用来摄取激光器在板上的反射光像,其输出信号用来补偿由于板厚变化而造成的测量误差。整个系统由微处理机控制,这样可做到在线实时检测热轧板宽度。对于 2m 宽的热轧板,最终测量精度可达板宽的 $\pm0.025\%$。

3. 光纤传感器

图 3.89 是一种转速测量传感器。凸块随被测转轴转动,在转到透镜组内时,将光路遮断形成光脉冲信号,再由光电转换元件将光脉冲信号转变为电脉冲信号,经计数器处理而获得转速值。

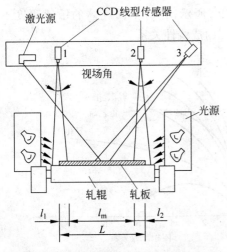

图 3.88　热轧铝板宽自动检测原理

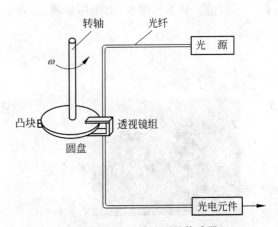

图 3.89　光纤转速测量传感器

3.9　环境传感器

3.9.1　湿敏传感器

　　湿敏传感器工作原理是利用湿敏材料吸收空气中的水分而导致电阻值发生变化,其典型的外形和结构如图 3.90 所示。湿敏材料的特点是在基片上覆盖一层用感湿材料制成的膜,当空气中的水蒸气吸附在感湿膜上时,元件的电阻率和电阻值都发生变化,利用这一特性即可测量湿度。

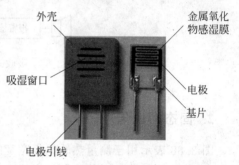

图 3.90　湿敏传感器外形和结构

　　湿敏材料的种类很多,目前工业上流行的湿敏材料主要有氧化锂湿敏电阻和有机高分子膜湿敏电阻。湿敏材料的优点是灵敏度高,主要缺点是线性度和产品的互换性差。

3.9.2　气敏传感器

　　气敏传感器是一种用来检测气体类别和浓度的传感器。按构成气敏传感器材料可分为半导体和非半导体两大类,其中半导体气敏传感器是目前使用最广泛的。半导体气敏传感器由氧化锡、氧化锰等半导体材料制成,这些材料在吸收氢、一氧化碳、烷、醚、醇、苯以及天然气等可燃气体的烟雾时,发生还原反应,放出热量,使元件温度相应增高,电阻发生变化。利用这种特性,把气体的成分和浓度转换成电信号,进行监测和报警,它常被称做“电子鼻”,如图 3.91 所示。

　　典型气敏传感器的电阻-成分-浓度关系如图 3.92 所示,它对不同气体的敏感程度不同。一般随气体浓度增加,电阻明显增大,在一定范围内成线性关系。

图 3.91　典型气敏传感器

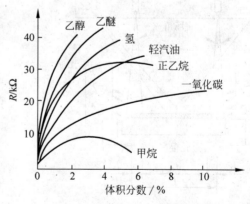

图 3.92　典型气敏传感器的电阻-成分-浓度关系

3.9.3　应用实例

1. 湿敏传感器

图 3.93 所示为自动喷灌控制器电路工作原理，它由电源电路、湿度检测电路和控制电路组成。其中，电源电路由电源变压器 T、整流桥、隔离二极管 VD_2、稳压二极管 VS 和滤波电容 C_1、C_2 等组成。交流 220 V 电压经 T 降压、整流后，在 C_2 两端产生 6V 的直流电压。该电压一路供给微型水泵的直流电动机（或直流电磁阀），另一路经 VD_2 降压、VS 稳压和 C_1 滤波后，产生 5.6 V 的电压供给 VT_1～VT_3 和继电器 K。

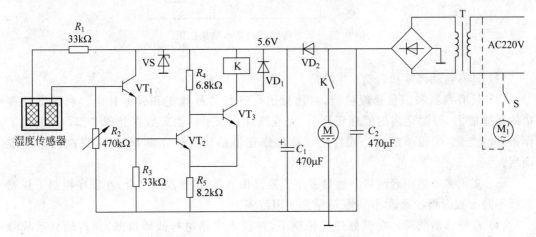

图 3.93　自动喷灌控制器电路工作原理

2. 气敏传感器

气敏传感器广泛用于防灾报警，如煤气或有毒气体报警，也可用于对大气污染监测、CO 气体测量、酒精浓度探测等方面。气体报警器是对泄漏气体达到危险限值时自动进行报警的仪器。当室内可燃性气体增加时，由于气敏元件接触到可燃性气体而使其阻值降低，因此流经回路的电流增加，可直接驱动蜂鸣器报警。图 3.94 所示为家用燃气报警器。

图 3.94　家用燃气
报警器

3.10　智能传感器

3.10.1　概述

智能传感器（smart sensor）是一种装有微处理器（MCU），能够进行信息处理和信息存储，逻辑分析和结论判断的传感器系统。世界上第一个智能传感器是美国 Honeywell 公司开发的 ST3000 系列智能压力传感器。它具有多参数传感（差压、静压和温度）与智能化信号调理功能。

智能传感器的基本结构框图如图 3.95 所示。智能传感器不再是一个简单的传感器，还有诊断和数字双向通信等新功能。智能传感器与传统传感器相比，增加了以下功能：

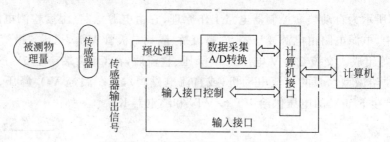

图 3.95　智能传感器的基本结构框图

（1）具有自动调零和自动校准功能。

（2）具有判断和信息处理功能，对测量值可进行各种修正和误差补偿。利用微处理机的运算能力，编制适当的处理程序，可完成线性化求平均值等数据处理工作；可根据工作条件的变化，按照一定的公式自动计算出修正值的同时修正测量结果，提高测量的准确度。

（3）实现多参数综合测量。通过多路转换器和 A/D 转换器的结合，在程序控制下任意选择不同参数的测量通道，扩大了测量和使用范围。

（4）自动诊断故障。在微处理机控制下，对仪表电路进行故障诊断，并自动显示故障部位。

（5）具有数字通信接口，便于与计算机联机。

3.10.2　实现方式

1. 非集成化实现方式

非集成化实现是在传统传感器的信号处理电路后面，加上具有数据总线接口的微处理器后，构成智能化传感器，如图 3.96 所示。这是一种比较经济、快捷的构建智能传感器的方式。

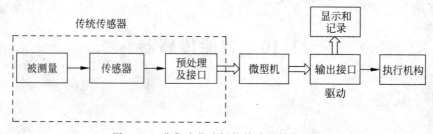

图 3.96　非集成化式智能传感器结构框图

2. 集成化实现方式

集成化智能传感器是采用大规模集成电路工艺技术，将敏感元件、信号处理电路、微控制器单元都集成在同一块芯片上或二次集成在同一外壳内。通常具有信号提取、信号处理、逻辑判断、双向通信、量程切换、自检、自校准、自补偿、自诊断、计算等功能。

3. 混合化实现方式

混合化实现方式是根据实际的需要与可能，将传感器系统中各个环节，如敏感单元、信号调理单元、微处理器单元、数字总线接口，以不同的组合方式分别集成在几块模块上，构成小的功能单元模块，最后再合装在一个壳体内。

3.10.3 应用实例

图 3.97 为 ST-3000 系列智能压力传感器原理框图，它由检测和变送两部分组成。被测的力或压力通过隔离的膜片作用于扩散电阻上，引起阻值变化。扩散电阻接在惠斯通电桥中，电桥的输出代表被测压力的大小。在硅片上制成两个辅助传感器，分别检测静压力和温度。由于采用接近于理想弹性体的单晶硅材料，传感器的长期稳定性很好。在同一个芯片上检测的差压、静压和温度三个信号，经多路开关分时地接到 A/D 转换器中进行 A/D 转换，数字量送到变送部分。

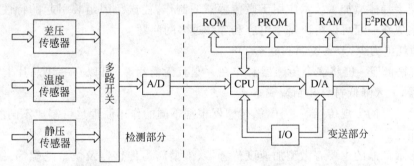

图 3.97 ST-3000 系列智能压力传感器原理框图

变送部分由微处理器、ROM、PROM、RAM、E^2PROM、D/A 转换器、I/O 接口组成。微处理器负责处理 A/D 转换器送来的数字信号，从而使传感器的性能指标大大提高。存储在 ROM 中的主程序控制传感器工作的全过程。传感器的型号、输入/输出特性、量程可设定范围等都存储在 PROM 中。

设定的数据通过导线传到传感器内，存储在 RAM 中。电可擦写存储器 E^2PROM 作为 RAM 后备存储器，RAM 中的数据可随时存入 E^2PROM 中，不会因突然断电而丢失数据。恢复供电后，E^2PROM 可以自动地将数据送到 RAM 中，使传感器继续保持原来的工作状态，这样可以省掉备用电源。

现场通信器发出的通信脉冲信号叠加在传感器输出的电流信号上。数字输入/输出(I/O)接口一方面将来自现场通信器的脉冲从信号中分离出来，送到 CPU 中去；另一方面将设定的传感器数据、自诊断结果、测量结果等送到现场通信器中显示。

3.11　微传感器

3.11.1　概述

随着微机电系统（Micro Electro-Mechanical System，MEMS）技术的迅速发展，作为其一个构成部分的微传感器也得到长足的发展。微传感器是尺寸微型化了的传感器，但随着系统尺寸的变化，它的结构、材料、特性乃至所依据的物理作用原理均可能发生变化。

与一般传感器比较，微传感器具有以下特点：

（1）空间占有率小。对被测对象的影响少，能在不扰乱周围环境、接近自然的状态下获取信息。

（2）灵敏度高，响应速度快。由于惯性、热容量极小，仅用极少的能量即可产生动作或温度变化。分辨率高，响应快，灵敏度高，能实时地把握局部的运动状态。

（3）便于集成化和多功能化。能提高系统的集成密度，可以用多种传感器的集合体把握微小部位的综合状态量；也可以把信号处理电路和驱动电路与传感元件集成于一体，提高系统的性能，并实现智能化和多功能化。

（4）可靠性提高。可通过集成，构成伺服系统，用零位法检测；还能实现自诊断、自校正功能。把半导体微加工技术应用于微传感器的制作，能避免因组装引起的特性偏差。与集成电路集成在一起可以解决寄生电容和导线过多的问题。

（5）消耗电力少，节省资源和能量。

（6）价格低廉。能将多个传感器制作在一起且无需组装，可以在一块晶片上同时制作几个传感器，大大降低材料和制造成本。

与各种类型的常规传感器一样，微传感器根据不同的作用原理也可制成不同的种类，具有不同的用途。

目前形成产品的主要有微型加速度传感器、微型压力传感器及微型陀螺等。它们的大小只有常规传感器的几十分之一乃至1%；质量从常规的千克级下降至几十克乃至几克，功率降至毫瓦乃至更低的水平。

微传感器的实用化，必将对许多技术领域中的测控系统变革产生深远的影响。其在航空航天、遥感、生物医学及工业自动化等方面的应用更具明显优势。特别值得指出，包括载人飞船、航天飞机在内的各种飞行器，需用几百乃至几千个传感器，以对各种参数进行监测。若用微传感器代替常规传感器，将对增加航程、减轻重量、减少能源消耗、全球监视及侦察等都有重大益处。

3.11.2　应用实例

图3.98为用于汽车的安全气囊和安全带装置中的电阻式加速度传感器，质量块由薄弹簧片支撑，弹簧片呈三角形，在弹簧片上通过蒸镀法做上四个应变电阻片，它们构成一个电桥电路的四个臂，整个装置放在壳体中，壳体中充以硅油用作阻尼，用于汽车在行驶过程中

敏感突如其来的冲击(水平方向的振动加速度),从而使气囊能及时地打开避免人员的伤害。

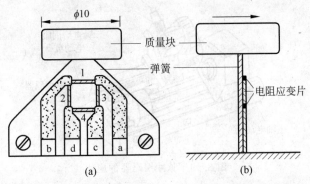

图 3.98　用于汽车的安全气囊和安全带装置中的电阻式加速度传感器
1~4—电阻应变片；a~d—引线接点

3.12　工程案例分析

CNC(Computer Numerical Control)机床和 MC(Machining Center,即加工中心)是由计算机控制的多功能自动化机床。这类机床多为闭环控制。要实现闭环控制,必须由传感器检测机床各轴的移动位置和速度进行位置数显、位置反馈和速度反馈,以提高运动精度和动态性能。表3.9 为 CNC 机床和 MC 用传感器。

表 3.9　传感器在 CNC 机床、MC 中的应用

CMC 机床、MC		位移(位置)						速度				限位			零位		
		磁栅(磁尺)	旋转变压器	光栅	编码器	容栅	感应同步器	光电码盘	测速发电机	磁通感应式	编码器	霍尔元件	行程开关	光电开关	霍尔元件	霍尔元件	电涡流式	光电开关	磁电式
工作台 x、y、z 轴		√	√	√	√	√	√		√	√		√	√	√	√	√	√	√
主轴	z 轴	√		√	√				√	√						√		√
	转角位置						√				√	√				√		√

1. 传感器在位置反馈系统中的应用

在机床 x 轴、y 轴和 z 轴的闭环控制系统中,按传感器安装位置的不同有半闭环控制和全闭环控制；按反馈信号的检测和比较方式不同有脉冲比较伺服系统、相位比较伺服系统和幅值比较伺服系统。

脉冲编码器是一种角位移(转速)传感器,它能够把机械转角变成电脉冲。脉冲编码器可分为光电式、接触式和电磁式三种,其中,光电式应用比较多。在如图3.99 所示的半闭环脉冲比较伺服系统中,x 轴和 z 轴端部分别配有光电编码器,用于角位移测量和数字测速,角位移通过丝杠螺距能间接反映拖板或刀架的直线位移。

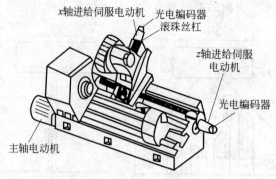

图 3.99　脉冲编码器的应用

图 3.100 为半闭环脉冲比较伺服系统框图。安装在滚珠丝杠一端的光电编码器产生位置反馈信号 P_f，与指令脉冲 F 相比较，以取得位移的偏差信号 e 进行位置伺服控制。

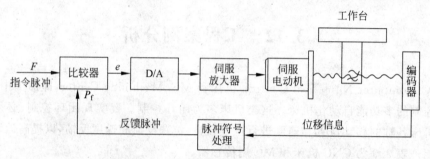

图 3.100　半闭环脉冲比较伺服系统框图

图 3.101 为全闭环脉冲比较伺服系统框图。它采用的传感器虽有光栅、磁栅、容栅等不同形式，但都安装在工作台上，直接检测工作台的移动位置。检测出的位置信息反馈到比较环节，只有当反馈脉冲 $P_f = F$，即 $e = F - P_f = 0$ 时，工作台才停止在所规定的指令位置上。

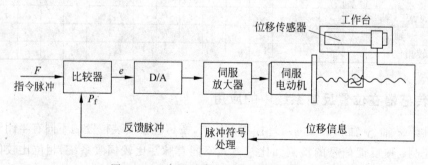

图 3.101　全闭环脉冲比较伺服系统框图

当采用的传感器为旋转变压器和感应同步器时，要采用闭环幅值比较和相位比较伺服控制方式。

2. 传感器在速度反馈系统中的应用

图 3.102 为测速发电机检测电动机转速进行速度反馈的伺服系统框图。图中位置传感器为光电编码器,其检测的位移信号直接送给 CNC 装置进行位置控制,而速度信号则直接反馈到伺服放大器,以改善电动机的动态性能。

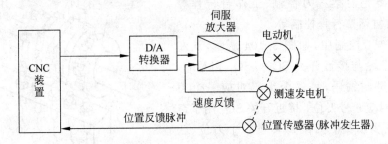

图 3.102   测速发电机速度反馈伺服系统框图

图 3.103 为用光电编码器 PE 同时进行速度反馈和位置反馈的半闭环控制系统原理图。光电编码器将电动机转角变换成数字脉冲信号,反馈到 CNC 装置进行位置伺服控制。又由于电动机转速与编码器反馈的脉冲频率成比例,因此采用 F/V(频率/电压)转换器将其转换为速度电压信号就可以进行速度反馈。

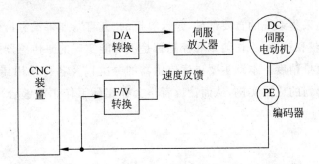

图 3.103   光电编码器速度反馈和位置反馈伺服系统

3. 传感器在位置检测中的应用

位置传感器是一种可用来检测位置、反映某种状态的传感器。位置传感器有接触式和接近式两种。

1）接触式传感器的应用

接触式传感器的触头由两个物体接触挤压而动作,常见的有行程开关、二维矩阵式位置传感器等。当某个物体在运动过程中碰到行程开关时,其内部触头会动作,从而完成控制,如在加工中心的 x、y、z 轴方向两端分别装有行程开关,则可以控制移动范围。二维矩阵式位置传感器安装于机械手掌内侧,用于检测自身与某个物体的接触位置。

2）接近开关的应用

接近开关是指当物体与其接近到设定距离时就可以发出"动作"信号的开关，它无需和物体直接接触。接近开关有很多种类，主要有自感式、差动变压器式、电涡流式、电容式、干簧管、霍尔式等。如将小磁体固定在运动部件上，当部件靠近霍尔元件时，便产生霍尔现象，从而判断物体是否到位。接近开关在数控机床上的应用主要是刀架选刀控制、工作台行程控制、油缸及汽缸活塞行程控制等。

在刀架选刀控制中，如图 3.104 所示，从左至右的四个凸轮与接近开关 $SQ_4 \sim SQ_1$ 相对应，组成四位二进制编码，每一个编码对应一个刀位，如 0110 对应 6 号刀位；接近开关 SQ_5 用于奇偶校验，以减少出错。刀架每转过一个刀位，就发出一个信号，该信号与数控系统的刀位指令进行比较，当刀架的刀位信号与指令刀位信号相符时，表示选刀完成。

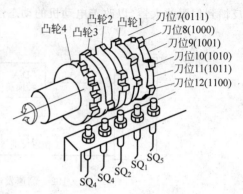

图 3.104　刀架选刀控制

小　结

传感器是信息采集系统的首要部件，是计算机的"五官"，如果没有传感器对原始信息进行精确、可靠的捕获和转换，一切测量和控制都是不可能实现的。传感器的性能和特性直接影响测试系统的测量精度。本章主要讲述传感器的分类以及各种常用传感器的工作原理，并给出了各种传感器的应用实例，从而让读者学会在实际工作中能够合理选择和灵活使用传感器。

习　题

1. 有一金属电阻应变片，其灵敏度 $S = 2.5$，$R = 120\Omega$，设工作时其应变为 $1200\mu\varepsilon$，问 ΔR 是多少？若将此应变片与 2V 直流电源组成回路，试求无应变时和有应变时回路的电流各是多少？

2. 应变片称重传感器，其弹性体为圆柱体，直径 $D = 10\text{cm}$，材料弹性模量 $E = 205 \times 10^9 \text{N/m}^2$，用它称 50t 重物体，若用电阻丝式应变片，应变片的灵敏度系数 $S = 2$，$R = 120\Omega$，问电阻变化多少？

3. 已知两极板电容传感器，其极板面积为 A，两极板间介质为空气，极板间距 1mm，当极距减少 0.1mm 时，求其电容变化量和传感器的灵敏度。若参数不变，将其改为差动结构，当极距变化 0.1mm 时，求其电容变化量和传感器的灵敏度。并说明差动传感器为什么能提高灵敏度和减少线性误差。

4. 有一电容测微仪,其传感器的圆形板极半径 $r=5$mm,初始间隙 $\delta=0.3$mm,问:

(1) 工作时,如果传感器与工件的间隙缩小 1μm,电容变化量是多少?

(2) 若测量电路灵敏度 $S_1=100$mV/pF,读数仪表的灵敏度 $S_2=5$ 格/mV,上述情况下,仪表的指示值变化多少格?

5. 变磁阻式传感器如图 3.105 所示,铁芯导磁截面积 $A=1.5$cm^2,长度 $L=20$cm,铁芯相对磁导率 $\mu=5000$,线圈匝数 $W=3000$,若原始气隙 $\delta_0=0.5$cm,若 $\Delta\delta=\pm0.1$mm:

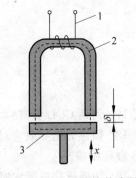

图 3.105　变磁阻式传感器

(1) 求其灵敏度 $\Delta L/\Delta\delta$;

(2) 若采用差动方式,求其灵敏度 $\Delta L/\Delta\delta$。

6. 金属应变片与半导体应变片在工作原理上有何不同?

7. 试比较自感式传感器与差动变压器式传感器的异同。

8. 分析电感传感器出现非线性的原因,并说明如何改善。

9. 请说明差动气隙电感传感器的工作过程和差动形式的作用。

10. 什么是电感传感器的零点残余电压?零点残余电压过大会带来哪些影响?如何减小零点残余电压?

11. 为什么螺线管式电感传感器比间隙式电感传感器有更大的测位移范围?

12. 为了提高霍尔元件灵敏度,分析霍尔元件在选材和结构设计中,应考虑哪些问题?并说明原因。

13. 压电式加速度传感器与电荷放大器连接,电荷放大器又与函数记录仪连接。已知传感器的电荷灵敏度 $k_q=100$(pC/g),反馈电容 $C_f=0.01\mu$F,被测加速度 $a=0.5g$。求:

(1) 电荷放大器的输出电压是多少?电荷放大器的灵敏度是多少?

(2) 若函数记录仪的灵敏度 $k_g=2$mm/mV,求测量系统总灵敏度。

14. 一压电式力传感器,将它与一只灵敏度 S_v 可调的电荷放大器连接,然后接到灵敏度为 $S_x=20$mm/V 的光线示波器上记录,现知压电式压力传感器灵敏度为 $S_p=5$pC/Pa,该测试系统的总灵敏度为 $S=0.5$mm/Pa,试问:

(1) 电荷放大器的灵敏度 S_v 应调为何值(V/pC)?

(2) 用该测试系统测 40Pa 的压力变化时,光线示波器上光点的移动距离是多少?

15. 已知分度号为 S 的热电偶冷端温度为 $t_0=20$℃,现测得热电势为 11.710mV,求热端温度为多少摄氏度?

16. 热电偶冷端温度自动补偿电路如图 3.106 所示。设补偿电桥的 4 个桥臂电阻为 R_t,由电阻温度系数极大的铜丝制成,R_2、R_3、R_4 为阻值相等的桥臂平衡电阻。试分析回答下列问题:

(1) 根据图 3.106 建立电压方程式。

(2) 分析 R_t 应选择何类型(正温度系数或负温度系数)。

(3) 简述温度自动补偿过程。

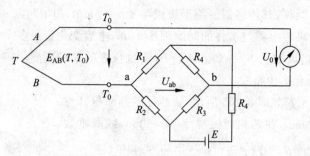

图 3.106　热电偶冷端温度自动补偿电路

17. 何谓 CCD 势阱？

18. 简述光电导效应、光生伏特效应、外光电效应的概念。这些光电效应的典型光电器件各自有哪些？

19. 用涡流传感器实时监测轧制铝板厚度 δ 的装置，试画出装置框图，简要说明其工作原理。

第 **4** 章

信号变换及调理

引例

　　传感器的输出信号通常是电量,如电压、电流、电容、电阻等。当这些信号太微弱或不满足记录显示要求,或输出的电信号中混杂有干扰噪声,或不能满足远距离传输的要求,将采用什么技术手段克服?

　　在测试系统中能完成被测信号的变换、放大、调解,使之达到某种水准的电路或设备称为信号调理电路。信号调理电路不一定是具体电路,可以是专用测量模块,或一台检测仪器。在工程上,可自行设计电路,也可直接选用专用信号调理装置。一个典型的中间转换装置如图 4.1 所示。

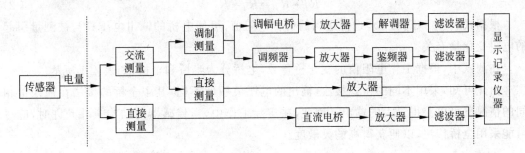

图 4.1　信号的中间转换装置方框图

　　备注：本书中有关放大器的知识请查阅相关书籍和文献,这里不再赘述。

4.1　电　桥

　　电桥是将电阻 R、电感 L、电容 C 等电参数变为电压或电流信号输出的一种测量电路。电桥由于具有测量电路简单可靠、灵敏度较高、测量范围宽、容易实现温度补偿等优点,在测量装置中被广泛应用。常见的许多传感器都是把某种物理量的变化转换成电阻、电容或电感的变化,继而转换为电流或电压形式的输出,例如电阻式传感器,因此电桥电路具有很强的实用价值。

　　根据供桥电源性质,电桥可分为直流电桥和交流电桥;按照输出测量方式,电桥可分为平衡输出电桥(零位法测量)和不平衡输出电桥(偏位法测量)。在静态测试中用零位法测量,在动态测试中大多使用偏位法测量。

4.1.1 直流电桥

采用直流电源的电桥称为直流电桥，其基本结构形式如图 4.2 所示。电阻 R_1、R_2、R_3 和 R_4 组成电桥的四个桥臂，a、c 两端接直流电源 U_i，称供桥端；b、d 两端接输出电压 U_o，称输出端。

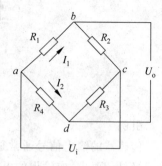

图 4.2　直流电桥

直流电桥的工作原理是利用四个桥臂中的一个或数个电阻阻值变化而引起电桥输出电压的变化，因此桥臂可采用电阻式敏感元件组成并接入测量系统。

当电桥输出端接入输入阻抗较大的仪表或放大器时，可视为开路状态，电流输出为零。根据欧姆定律和 R_2、R_3 上的电压降可得电桥输出电压为

$$U_o = U_{ab} - U_{ad} = \left(\frac{R_1}{R_1 + R_2} - \frac{R_4}{R_3 + R_4} \right) U_i = \frac{R_1 R_3 - R_2 R_4}{(R_1 + R_2)(R_3 + R_4)} U_i \qquad (4\text{-}1)$$

若电桥平衡，即 $U_o = 0$，则应满足

$$R_1 \cdot R_3 = R_2 \cdot R_4 \qquad (4\text{-}2)$$

根据式(4-1)和式(4-2)，选择适当的桥臂电阻值，可使电桥的输出电压只与被测量引起的电阻变化量有关。

在测试中，根据工作电阻值的变化桥臂数，电桥分为半桥和全桥，如表 4.1 所示。

由此可知，采用不同的桥式接法，输出的电压灵敏度不同，其中全桥的接法在输入量相同的情况下可以获得最大的输出。因此，在实际工作中，当传感器的结构条件允许时，应尽可能采用全桥接法，以便获得高的灵敏度。

表 4.1　直流电桥分类

分类	(a) 半桥单臂	(b) 半桥双臂	(c) 全桥
输出电压	$U_o \approx \dfrac{\Delta R_1}{4 R_0} U_i$	$U_o = \dfrac{\Delta R}{2 R_0} U_i$	$U_o = \dfrac{\Delta R}{R_0} U_i$
灵敏度	$S \approx \dfrac{1}{4} U_i$	$S = \dfrac{1}{2} U_i$	$S = U_i$

说明	(1) ΔR_1 为电阻 R_1 随被测物理量变化而产生的电阻增量; (2) 图(b)中两个桥臂阻值随被测物理量而变化,且阻值变化大小相等而极性相反,即 $R_1 \pm \Delta R_1$,$R_2 \mp \Delta R_2$; (3) 图(c)中四个桥臂阻值都随被测物理量而变化,相邻的两臂阻值变化大小相等、极性相反,相对的两臂阻值变化大小相等、极性相同,即 $R_1 \pm \Delta R_1$、$R_2 \mp \Delta R_2$、$R_3 \pm \Delta R_3$、$R_4 \mp \Delta R_4$; (4) 电桥的灵敏度定义为 $S = \dfrac{\mathrm{d}U_\mathrm{o}}{\mathrm{d}(\Delta R_0/R_0)}$

直流电桥具有如下优点:①采用直流电源作为激励电源,而直流电源稳定性高;②电桥的输出 U_o 是直流量,可用直流仪表测量,精度高;③电桥与后接仪表之间的连接导线不会形成分布参数,因此对导线连接的方式要求较低;④电桥的平衡电路简单,仅需对纯电阻的桥臂调整即可。直流电桥的缺点是易引入工频干扰,由于输出为直流量,故需对其作直流放大,而直流放大器一般都比较复杂,易受零漂和接地电位的影响。因此直流电桥适合静态量的测量。

4.1.2　交流电桥

交流电桥的激励电源采用交流电源,四个桥臂可为电容 C、电感 L 或电阻 R,均用阻抗符号 $\boldsymbol{Z}$ 表示。当四个桥臂为电容 C 或电感 L 时,必须采用交流电桥。

如果阻抗、电流及电压都用复数表示,那么关于直流电桥的平衡关系式同样适用于交流电桥。交流电桥平衡的条件为

$$\boldsymbol{Z}_1 \boldsymbol{Z}_3 = \boldsymbol{Z}_2 \boldsymbol{Z}_4 \tag{4-3}$$

写成复指数的形式时有

$$\boldsymbol{Z}_1 = Z_1 \mathrm{e}^{\mathrm{j}\varphi_1}, \quad \boldsymbol{Z}_2 = Z_2 \mathrm{e}^{\mathrm{j}\varphi_2}$$

$$\boldsymbol{Z}_3 = Z_3 \mathrm{e}^{\mathrm{j}\varphi_3}, \quad \boldsymbol{Z}_4 = Z_4 \mathrm{e}^{\mathrm{j}\varphi_4}$$

代入式(4-3),则有

$$Z_1 \cdot Z_3 \cdot \mathrm{e}^{\mathrm{j}(\varphi_1+\varphi_3)} = Z_2 \cdot Z_4 \cdot \mathrm{e}^{\mathrm{j}(\varphi_2+\varphi_4)} \tag{4-4}$$

式中,Z_1、Z_2、Z_3、Z_4 为各阻抗的模;φ_1、φ_2、φ_3、φ_4 为各阻抗的阻抗角,表示各桥臂上电压与电流的相位差。当桥臂为纯电阻时,$\varphi=0$,即电压与电流同相位;若为电感阻抗时,$\varphi>0$,即电压的相位超前电流的;电容阻抗时,$\varphi<0$,即电压的相位滞后电流的。

式(4-4)成立的条件为

$$\begin{cases} Z_1 \cdot Z_3 = Z_2 \cdot Z_4 \\ \varphi_1 + \varphi_3 = \varphi_2 + \varphi_4 \end{cases} \tag{4-5}$$

式(4-5)表明,交流电桥平衡要满足两个条件:两相对桥臂的阻抗模的乘积相等,阻抗角的和相等。

表 4.2 列出电容电桥和电感电桥的平衡条件。

表 4.2   电容电桥和电感电桥的平衡条件

组合方式	 （a）电容电桥	 （b）电感电桥
平衡条件	$$\begin{cases} R_1 \cdot R_3 = R_2 \cdot R_4 \\ \dfrac{R_3}{C_1} = \dfrac{R_2}{C_4} \end{cases}$$	$$\begin{cases} R_1 R_3 = R_2 R_4 \\ L_1 R_3 = L_4 R_2 \end{cases}$$
说明	两相邻桥臂为纯电阻 R_2、R_3，另相邻两臂为电容 C_1、C_4，R_1、R_4 为电容介质损耗的等效电阻	两相邻桥臂为电感 L_1、L_4 与电阻 R_2、R_3

在交流电桥的使用中，影响交流电桥测量精度及误差的因素较直流电桥要多得多，如电桥各元件之间的互感耦合、无感电阻的残余电抗、泄漏电阻、元件间以及元件对地之间的分布电容、邻近交流电路对电桥的感应影响等。另外，从交流电桥的平衡条件可以看出，平衡条件只是针对供桥电源只有一个频率 ω 的情况下推出的。当激励电源有多个频率成分时，得不到平衡条件，即电桥是不平衡的。因此，交流电桥要求激励电源的电压波形和频率必须具有很好的稳定性，否则将影响电桥的平衡。电桥电源一般采用 $5 \sim 10 \mathrm{kHz}$ 高频振荡作为交流电源，以便消除外界工频干扰。

4.1.3   变压器式电桥

变压器式电桥将变压器中感应耦合的两线圈绕组作为电桥的桥臂，图 4.3（a）所示电桥常用于电感比较仪中，其中感应耦合绕组 W_1、W_2（阻抗 Z_1、Z_2）与阻抗 Z_3、Z_4 组成电桥的四个臂，平衡时有 $Z_1 Z_3 = Z_2 Z_4$。如果任一桥臂阻抗有变化，则电桥有电压输出。图 4.3（b）为另一种变压器式电桥形式，其中变压器的原边绕组 W_1、W_2（阻抗 Z_1、Z_2）与阻抗 Z_3、Z_4 构成电桥的四个臂，若使阻抗 Z_3、Z_4 相等并保持不变，电桥平衡时，绕组 W_1、W_2 中两磁通大小相等但方向相反，激磁效应互相抵消，因此变压器副边绕组中无感应电势产生，输出为零。反之当移动变压器中铁芯位置时，电桥失去平衡，促使副边绕组中产生感应电势，从而有电压输出。

上述两种电桥中的变压器结构实际上均为差动变压器式传感器，通过移动其中的敏感元件——铁芯的位置将被测位移转换为绕组间互感的变化，再转换为电压或电流输出量。与普通电桥相比，变压器式电桥具有较高的测量精度和灵敏度，且性能也较稳定，因此在非电量测量中得到广泛的应用。

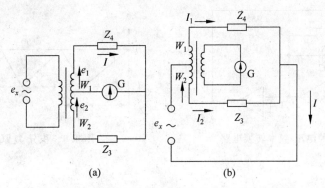

图 4.3　变压器式电桥

4.2　电压/电流/频率转换

为了避免电压信号在远程传输中的损失,并提高抗干扰能力,常将电压信号转换成频率信号或电流信号,再进行传输。本节将介绍电压-频率转换和电流-频率转换。

4.2.1　电压-频率转换

电压-频率转换(V/F)是将模拟输入电压转换成与之成正比的振荡频率。V/F 不仅提高抗干扰能力,还可以提供一种节省系统接口资源的选择,在两线式高抗扰数据传输方面有广泛应用。

图 4.4 为一种 V/F 转换电路,其中运放与电容 C 组成了积分器。场效应管 FET 为积分器的复原开关。当积分电容充电至电压比较器的下限阈值电平时,电压比较器翻转,输出一个信号使 FET 导通。这时,电容 C 通过开关迅速放电,使积分器复原至比较器的上限阈值电平,比较器再次翻转,输出信号使开关 FET 截止。于是积分器开始下次的积分过程。

设 T 为积分时间,t_c 为放电时间,则 $I_c = \dfrac{V}{R}$,$V_c = \dfrac{Q}{C} = \dfrac{I_c t}{C}$。当 $t = T$ 时,积分结束,此时电容上的电压等于比较器下限阈值电压 $V_c = V_T = \dfrac{I_c T}{C}$,所以

$$V = I_c R = \frac{RCV_T}{T}$$

充放电频率为 $f = \dfrac{1}{T + t_c}$。当充电频率低,并且放电迅速时,可忽略 t_c,这时

$$f = \frac{1}{T} = \frac{V}{RCV_T}$$

可见输出频率与输出电压成正比,满足 V/F 的转换条件,如图 4.5 所示。

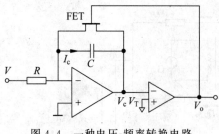

图 4.4   一种电压-频率转换电路

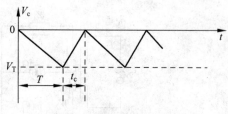

图 4.5   积分-复原波形图

4.2.2   电压-电流转换

把直流电压信号变换成直流电流信号后再进行传输，可以减小传输线路电阻和负载电阻变化的影响。信号的量程通常为 4~20mA。图 4.6 为一种简单的电压-电流转换电路。

R_L 为负载电阻，信号电压在运放同相端输入。利用理想运放条件，流过负载 R_L 的电流与流过电阻 R_1 和 R_2 的电流相等，且反相端电位与同相端电位相等，由此可知电流

$$I = \frac{V}{R_1 + R_2}$$

可见，输入电压 V 变换为电流 I 输出，变换系数可由 R_2 调节。

常用运放的最大输出电流约为 20mA，输出电流大时，运放功耗大。为降低运放功耗，可在运放输出接三极管推动负载工作。图 4.7 为一种接入三极管的电压-电流转换电路，R_L 为负载电阻。当 $R_2 \gg R_f + R_L$ 时，可认为流过 R_f 和 R_L 的电流相等，都为 i_0，由此推得电流 i_0 与输入电压 u_i 的关系为

$$i_0 = \frac{R_2 u_i}{R_1 R_f}$$

可见 i_0 与输入电压成正比，与 R_L 无关，具有恒流特性。

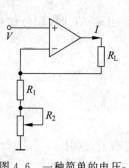

图 4.6   一种简单的电压-
电流转换电路

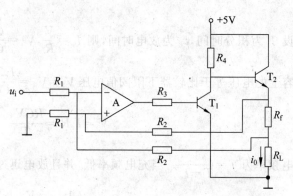

图 4.7   一种三极管驱动的电压-电流转换电路

4.3　调制与解调

在测试技术中,一些被测量,如力、位移等,经传感器变换为低频缓变信号,若直流放大,存在零漂和级间耦合等问题。因此,在实际测量时,常把缓变信号转换为频率适当的交流信号,并利用交流放大器放大,最后再从高频交变信号中恢复为原来的直流缓变信号。这种变换过程称为调制与解调,它被广泛用于传感器和测量电路中。

调制是指利用低频信号(缓变信号)对高频信号的某特征参量(幅值、频率或相位)进行控制或改变,使该特征参量随着缓变信号的规律变化。

在调制解调技术中,将控制高频振荡信号的缓变信号称为调制信号;载送缓变信号的高频振荡信号称为载波;经过调制后的高频振荡信号称为已调制波。根据被控制参量(幅值、频率或相位)的不同,调制分为三种:幅值调制(AM)或调幅;频率调制(FM)或调频;相位调制(PM)或调相。

解调是从已调制波中不失真地恢复原有的低频调制信号的过程。调制与解调是对信号作变换的两个相反过程,在工程上常常结合在一起使用。

4.3.1　调幅与解调

1. 调幅的原理

调幅是将一个高频载波信号的幅值与被测试的缓变信号(调制信号)相乘,使载波信号的幅值随测试信号的变化而变化。

设调制信号为 $x(t)$,其最高频率成分为 f_m,载波信号为 $\cos 2\pi f_0 t$,其中要求 $f_0 \gg f_m$,则可得调幅波:

$$x(t) \cdot \cos 2\pi f_0 t = \frac{1}{2}\left[x(t)e^{-j2\pi f_0 t} + x(t)e^{j2\pi f_0 t}\right]$$

根据傅里叶变换的性质:在时域中两个信号相乘,则对应在频域中为两个信号进行卷积,即

$$x(t) \cdot y(t) \leftrightarrow X(f) * Y(f)$$

而余弦函数的频域图形是一对脉冲谱线,即

$$\cos 2\pi f_0 t \leftrightarrow \frac{1}{2}\delta(f-f_0) + \frac{1}{2}\delta(f+f_0)$$

利用傅里叶变换的频移性质,可得

$$x(t) \cdot \cos 2\pi f_0 t \leftrightarrow \frac{1}{2}\left[X(f) * \delta(f-f_0) + X(f) * \delta(f+f_0)\right]$$

由单位脉冲函数的性质可知,一个函数与单位脉冲函数卷积的结果就是将其频谱图形由坐标原点平移至该脉冲函数频率处。所以,如果以高频余弦信号作载波,把信号 $x(t)$ 与载波信号相乘,其结果就相当于把原信号 $x(t)$ 的频谱图形由原点平移至载波频率 f_0 处,其幅值减半。调幅过程如图 4.8 所示。

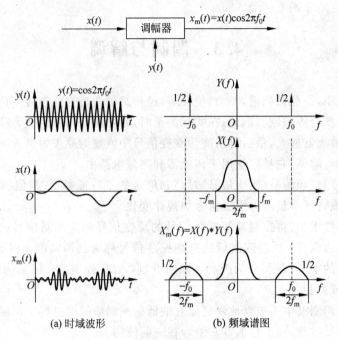

(a) 时域波形   (b) 频域谱图

图 4.8   调幅过程示意图

　　综上所述，幅值调制的过程在时域上是调制信号与载波信号相乘的运算；在频域上是调制信号频谱与载波信号频谱卷积的运算，是一个频移的过程。这是幅值调制得到广泛应用的最重要的理论依据。例如，广播电台把声频信号移频至各自分配的高频、超高频频段上，既便于放大和传递，也可避免各电台之间的干扰。

　　幅值调制装置实质上是一个乘法器，性能良好的线性乘法器、霍尔元件等均可作调幅装置。电桥本身也是一个乘法器，电桥的幅值调制的实现过程如图 4.9 所示。

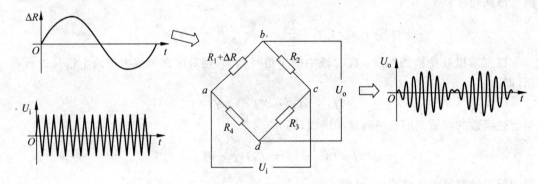

图 4.9   电桥调幅的输入/输出关系

　　设不同接法的电桥可表示为

$$U_o = K\,\frac{\Delta R}{R_0}U_i$$

式中，K 为接法系数。当电桥输入 $\Delta R/R_0 = R(t)$ 为被测的缓变信号，$U_i = E_0\cos 2\pi f_0 t$ 时，上式可表示为

$$U_o = KR(t)E_0\cos2\pi f_0 t$$

可以看出：$U_i = E_0\cos2\pi f_0 t$ 实际上是载波信号，电桥的输入 $\Delta R/R_0 = R(t)$ 实际上是调制信号，电桥的输出电压 U_o 随 $R(t)$ 的变化而变化，即 U_o 的幅值受 $R(t)$ 的控制，其频率为输入电压信号 U_i 的频率 f_0。

2. 幅值调制的解调

为了从调幅波中将原测量信号恢复出来，就必须对调制信号进行解调。常用的解调方法有同步解调、整流检波解调和相敏检波解调。

1）同步解调

同步解调是将已调制波与原载波信号再作一次乘法运算，即

$$x(t)\cdot\cos2\pi f_0 t\cdot\cos2\pi f_0 t = \frac{1}{2}x(t) + \frac{1}{2}x(t)\cos4\pi f_0 t$$

对上式两边做傅里叶变换，得

$$
\begin{aligned}
F[x(t)\cos2\pi f_0 t\cos2\pi f_0 t] &= F\left[\frac{1}{2}x(t) + \frac{1}{2}x(t)\cos4\pi f_0 t\right] \\
&= \frac{1}{2}\left\{X(f) + X(f)*\left[\frac{1}{2}\delta(f-f_0) + \frac{1}{2}\delta(f+f_0)\right]\right\} \\
&= \frac{1}{2}X(f) + \frac{1}{4}X(f-f_0) + \frac{1}{4}X(f+f_0)
\end{aligned}
$$

即调幅波的频谱在频域上将再一次进行"搬移"，如图 4.10 所示。由于载波频谱与原来调制时的载波频谱相同，第二次搬移后，使原信号的频谱图形出现在 0 和 $\pm2f_0$ 的频率处。设计一个低通滤波器将位于中心频率 $\pm2f_0$ 处的高频成分滤去，则复现原信号的频谱，也就是说在时域恢复了原波形，但原信号的幅值减小了一半，通过后续放大可对此进行补偿。同步解调电路示意图如图 4.11 所示。

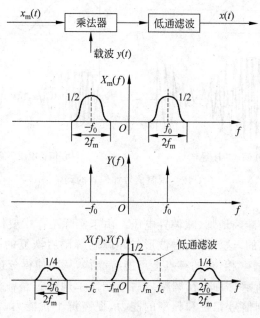

图 4.10 同步解调示意图

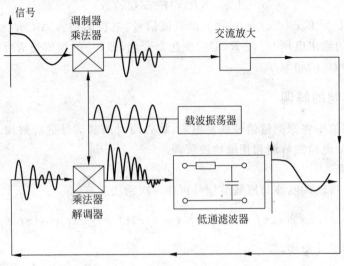

图 4.11　同步解调电路示意图

同步解调方法简单，但要求有性能良好的线性乘法器件，否则将引起信号失真。

2) 整流检波解调

整流检波解调的工作原理为：将调制信号 $x(t)$ 在进行调幅之前，先预加一直流分量 A，使偏置后的信号具有正电压值，然后将该信号调幅后得到调幅波，其包络线将具有原调制信号形状，解调时，只需对调幅波作整流（半波或全波整流）和滤波，最后去掉所加直流分量 A，就可以恢复原调制信号，这种解调方式称为整流检波解调，如图 4.12(a)所示。

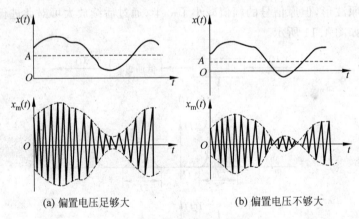

(a) 偏置电压足够大　　　　(b) 偏置电压不够大

图 4.12　调制信号加偏置的调幅波

上述方法的关键是准确地加、减偏置电压。由于实际工作中要使两个直流本身很稳定，且完全对称是较难实现的，这样原信号波形与经调制解调后恢复的波形虽然幅值上可以成比例，但在分界正、负极性（相位）的零点上可能有漂移，从而使得分辨原波形正、负极性上可能有误，如图 4.12(b)所示，因此，在调幅之后不能简单地通过整流滤波来恢复原信号。为了使检波电路具有判别信号相位和频率的能力，提高抗干扰能力，需要采用相敏检波解调技术。

3) 相敏检波解调

相敏检波解调方法能够使已调幅的信号在幅值和极性上完整地恢复成原调制信号。例如,如图 4.13 所示的调幅波,其幅值的包络线反映应变的大小,而相位则包含应变的方向(拉伸或压缩)信息,两者都有意义。因此,采用相敏检波器,既能辨别调制信号的极性,又能反映调制信号的幅值。

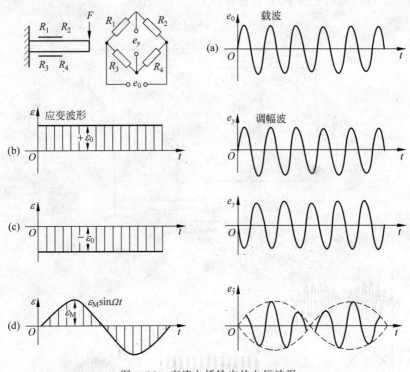

图 4.13　交流电桥输出的电压波形

常用的相敏检波电路有半波相敏检波和全波相敏检波电路。全波相敏检波器的电路原理如图 4.14(a)所示。它由两个变压器 A、B 和一个桥式整流电路组成。设变压器 T_1 的输入信号为调幅波 $x_m(t)$,T_2 的输入信号为载波 $y(t)$,T_2 的次级输出远大于 T_1 的次级输出,$u_f(t)$ 为输出,R 为保证线路对称而接入的平衡电阻,C 为负载电容,R_f 为负载电阻。

由图 4.14 可知:当调制信号 $x(t) > 0$ 时(在 $0 \sim t_1$ 时间内),调幅波 $x_m(t)$ 与载波 $y(t)$ 同相。若 $x_m(t) > 0$,$y(t) > 0$,此时二极管 D_1、D_2 导通,在负载上形成两个电流回路:回路 1 为 $3\text{-}c\text{-}D_2\text{-}b\text{-}1\text{-}e\text{-}g\text{-}f$,其输出为

$$u_{f_1} = \frac{y(t)}{2} + \frac{x_m(t)}{2}$$

回路 2 为 $f\text{-}g\text{-}e\text{-}1\text{-}b\text{-}D_1\text{-}a\text{-}4$,其输出为

$$u_{f_2} = \frac{y(t)}{2} - \frac{x_m(t)}{2}$$

若 $x_m(t) < 0$,$y(t) < 0$,二极管 D_3、D_4 导通,在负载上形成两个电流回路:回路 1 为 $4\text{-}a\text{-}D_4\text{-}d\text{-}2\text{-}e\text{-}g\text{-}f$,其输出为

$$u_{f_1} = \frac{y(t)}{2} + \frac{x_m(t)}{2}$$

回路 2 为 f-g-e-2-d-D_3-c-3，其输出为

$$u_{f_2} = \frac{y(t)}{2} - \frac{x_m(t)}{2}$$

负载电流流动的方向为从上到下，其总的输出为

$$u_f(t) = u_{f1}(t) - u_{f2}(t) = x_m(t)$$

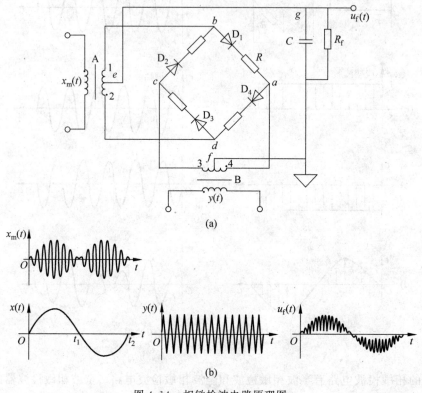

图 4.14　相敏检波电路原理图

　　由以上分析可知，$x(t) > 0$ 时，相敏检波器的输出波形均为正，即保持与调制信号极性相同，如图 4.14(b) 所示。同理，当调制信号 $x(t) < 0$ 时（图 4.14(b) 中 $t_1 \sim t_2$ 时间内），调幅波 $x_m(t)$ 与载波 $y(t)$ 反相，相敏检波器的输出波形均为负，保持与调制信号极性相同。

　　相敏检波器输出波形的包络线即是所需要的信号，所以在相敏检波器的输出端再接一个适当频带的低通滤波器，即可得到与原信号波形一致、但已经放大了的信号，达到解调的目的。

　　相敏检波器利用载波作参考信号来鉴别调制信号的极性，即当调幅波与载波同相时，相敏检波器的输出电压为正；当调幅波与载波反相时，其输出电压为负。输出电压的大小仅与信号电压成比例，而与载波电压无关（载波相当于一个控制开关，只起控制二极管 D_1、D_2、D_3、D_4 导通与截止的作用），从而实现既能反映被测信号的幅值又能辨别极性的两个目标。

3. 幅值调制与解调的应用

幅值调制与解调在工程技术上用途很多,动态电阻应变仪就是利用交流电桥做调幅,利用相敏检波器做解调的测试电路。动态电阻应变仪工作原理图如图 4.15 所示。贴在试件上的应变片受力 $F(\varepsilon)$ 等作用,其电阻变化 $\Delta R/R$ 反映试件上的应变 ε 的变化。由于电阻 R 为交流电桥的一桥臂,则电桥有电压输出 $x(t)$。交流电桥由振荡器供给高频等幅正弦激励电压源作为载波 $y(t)$,作为原信号的 $x(t)$(电阻变化 $\Delta R/R$),其与高频载波 $y(t)$ 作幅值调制后的调制波 $x_m(t)$,经放大器后幅值将放大为 $u_1(t)$。$u_1(t)$ 送入相敏检波器后被解调为原信号波形包络线的高频信号波形 $u_2(t)$,$u_2(t)$ 进入低通滤波器后,高频分量被滤掉,则恢复了原来被放大的信号 $u_3(t)$。最后记录器将 $u_3(t)$ 的波形记录下来,$u_3(t)$ 反映了试件应变变化情况,其应变大小及正负都能准确地显示出来。

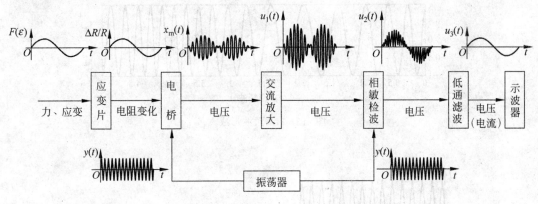

图 4.15 动态电阻应变仪原理框图

4.3.2 调频与解调

1. 调频的原理

调频是利用调制信号控制载波信号的频率,使其随调制信号的变化而变化,即在频率调制过程中,载波幅值保持不变,仅载波的频率随调制信号的幅值成正比变化。

通常,调频是由一个振荡频率可控的振荡器来完成,如 LC 振荡电路、变容二极管调制器、压控振荡器等。振荡器输出的是随时间变化的疏密不等的等幅波(调频波),如图 4.16 所示,即当信号电压为零时,调频波的频率就等于中心频率;信号电压为正值时,调频波的频率升高,负值时则降低。调频波的频率有一定的变化范围,其瞬时频率可表示为

$$f(t) = f_0 \pm \Delta f$$

式中,f_0 为载波频率,或称调频波中心频率;Δf 为频率偏移,或称调频波的频偏,与调制信号的幅值成正比。

在测量系统中,以电感或电容作为传感器感受被测量的变化,传感器的输出作为调制信号的输入,振荡器原有的振荡信号作为载波。当有调制信号输入时,振荡器输出的信号就是被调制后的调频波,如图 4.17 所示。

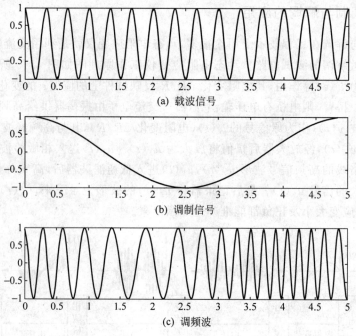

(a) 载波信号

(b) 调制信号

(c) 调频波

图 4.16　调频波形成

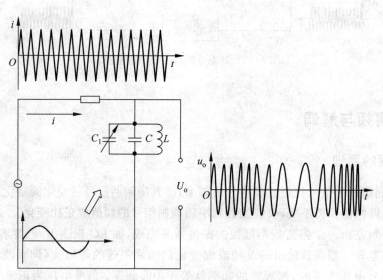

图 4.17　振荡电路作调频器

设 C_1 为电容传感器，初始电容量为 C_0，则电路的谐振频率为

$$f_0 = \frac{1}{2\pi\sqrt{LC_0}}$$

若电容 C_0 的变化量为 $\Delta C = K_f C_0 x(t)$，K_f 为比例系数，$x(t)$ 为被测信号，则谐振频率变为

$$f = \frac{1}{2\pi\sqrt{LC_0\left(1+\dfrac{\Delta C}{C}\right)}} = f_0\frac{1}{\sqrt{1+\dfrac{\Delta C}{C}}}$$

将上式按泰勒级数展开并忽略高阶项,则

$$f \approx f_0\left(1-\frac{\Delta C}{2C_0}\right) = f_0 - \Delta f$$

式中,$\Delta f = f_0\dfrac{\Delta C}{2C_0} = f_0\dfrac{1}{2}K_f x(t)$。

可见,LC 振荡回路的振荡频率 f 与谐振参数的变化成线性关系,即振荡频率 f 受控于被测信号 $x(t)$。

经过调频的被测信号寄存在频率中,不易衰落,也不易混乱和失真,使得信号的抗干扰能力得到很大的提高。同时,调频信号还便于远距离传输和采用数字技术。调频方法也存在着严重的缺点:调频波通常要求很宽的频带,甚至为调幅所要求带宽的 20 倍;调频系统较之调幅系统复杂,因为频率调制是一种非线性调制,它不能运用叠加原理。因此,分析调频波要比分析调幅波困难,实际上,对调频波的分析是近似的。

2. 频率调制的解调

调频波的解调称鉴频,鉴频的原理是将频率变化转变为电压幅值变化。

鉴频有多种方案。一种方案是将调频波直接限幅放大为方波,并利用方波上升或下降沿将方波转换为疏密不等的脉冲,再将脉冲触发定时单稳,得到时宽相等、疏密不等的单向窄矩形波。由于矩形波的疏密随调频波频率而变化,也即与被测信号相关,因此取其瞬时平均电压即可反映被测信号电压的变化。

另一种鉴频方案采用谐振鉴频器,通常由线性变换电路与幅值检波电路组成。图 4.18(a)为变压器耦合的谐振回路鉴频器,其中 L_1、L_2 是变压器原、副线圈,它们和 C_1、C_2 组成并联谐振回路。

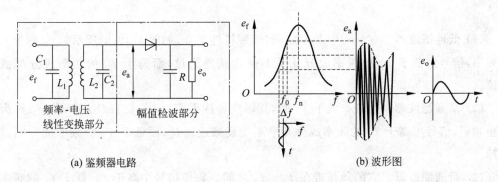

(a) 鉴频器电路　　　　　　　　　　　(b) 波形图

图 4.18　调频波的解调原理图

该方案的鉴频过程分为两步,即先通过频率-电压线性变换电路,将调频波变换成电压幅值也随频率变化的调频调幅波,然后利用检波器取出其中幅值的变化信息。如图 4.18(a)所示,调频波 e_f 经过 L_1、L_2 耦合后,加于 L_2C_2 组成的谐振电路上,其两端获得电压-频率特性曲线如图 4.18(b) 所示。当等幅调频波 e_f 的频率等于 L_2C_2 回路的谐振频率 f_n 时,线圈 L_1、L_2 中的耦合电流最大,次级输出电压 e_a 也最大。e_f 的频率偏离 f_n,e_a 也随之下降。通常利用特性曲线的次谐振区近似直线的一段实现频率-电压变换。将 e_a 经过二极管进行半波整流,再经过 RC 组成的滤波器滤波,滤波器的输出电压 e_o 与调制信号成正比,复现了被测量信号 $x(t)$,则解调完毕。

4.4 滤　波　器

4.4.1　滤波器的分类

　　滤波器是一种选频装置,它可以使信号中特定的频率成分通过,而极大地衰减其他频率成分。对于一个滤波器,信号能通过它的频率范围称为该滤波器的频率通带(通频带),被抑制或极大地衰减的频率范围称为频率阻带,通带与阻带的交界点称为截止频率。在工程测试中,滤波器常用于消除干扰噪声或进行频谱分析。

　　根据滤波器的选频特性,滤波器可分为低通、高通、带通和带阻四种滤波器,如图 4.19 所示。

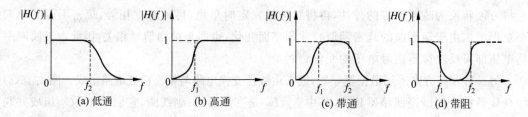

图 4.19　四种滤波器的幅值特性

　　(1) 低通滤波器。在 $0 \sim f_2$ 频率之间,幅频特性平直,如图 4.19(a) 所示。f_2 称为上截止频率,信号中低于 f_2 的频率成分几乎不受衰减地通过,而高于 f_2 的频率成分都被衰减掉。

　　(2) 高通滤波器。当频率大于 f_1 时,其幅频特性平直,如图 4.19(b) 所示。f_1 称为下截止频率,信号中高于 f_1 的频率成分几乎不受衰减地通过,而低于 f_1 的频率成分则被衰减掉。

　　(3) 带通滤波器。它的通频带在 $f_1 \sim f_2$ 之间。它使信号中高于 f_1、低于 f_2 的频率成分可以几乎不受衰减地通过,而其他的频率成分则被衰减掉,如图 4.19(c) 所示。

　　(4) 带阻滤波器。阻带在频率 $f_1 \sim f_2$ 之间,在该阻带之间的信号频率成分被衰减掉,而其他频率成分则可通过,如图 4.19(d) 所示。

　　根据构成滤波器的电路特性,滤波器可分为一阶滤波器和二阶滤波器;根据滤波器电路中是否含有有源器件,滤波器可分为有源滤波器和无源滤波器;根据滤波器所处理信号的性质,滤波器可分为模拟滤波器和数字滤波器;根据滤波器以何种方法逼近理想滤波器,滤波器可分为巴特沃斯滤波器、切比雪夫滤波器和贝塞尔滤波器。

4.4.2 滤波器参数

图 4.20 表示理想滤波器(虚线)和实际滤波器的幅频特性。对于理想滤波器,其幅频特性曲线尖锐、陡峭,通带为 $f_{c1} \sim f_{c2}$,通带内的幅频为常数 A_0,截止频率之外的幅频特性均为零;对于实际滤波器,其特性曲线无明显转折点,通带与阻带部分也不是那么平坦,通带中幅频特性也并非常数。因此,要求有更多的参数来描述实际滤波器的特性,主要有截止频率、带宽、品质因数(Q 值)、波纹幅度以及选择性等,如表 4.3 所示。

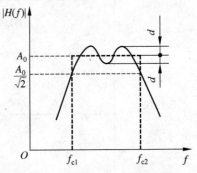

图 4.20 理想和实际带通滤波器的幅频特性

表 4.3 实际滤波器基本参数

参 数	定 义	说 明
截止频率	幅频特性值为 $A_0/\sqrt{2}$ 时所对应的频率	① 以 $A_0/\sqrt{2}$ 作平行于横坐标的直线与幅频特性曲线相交两点的横坐标值为 f_{c1}、f_{c2},分别称为滤波器的下截止频率和上截止频率。 ② 若以 A_0 为参考值,则 $A_0/\sqrt{2}$ 相对于 A_0 衰减 -3dB。$\left(20\lg \dfrac{A_0/\sqrt{2}}{A_0} = -3\text{dB}\right)$
带宽 B	滤波器上、下两截止频率之间的频率范围,即 $B = f_{c2} - f_{c1}$	① 因为 $A_0/\sqrt{2}$ 相对于 A_0 衰减 -3dB,故称 $f_{c2} - f_{c1}$ 为"负三分贝带宽"。以 $B_{-3\text{dB}}$ 表示,单位为 Hz。 ② 带宽决定滤波器分离信号中相邻频率成分的能力——频率分辨率
品质因数 Q	中心频率 f_n 和带宽 B 之比,即 $Q = \dfrac{f_n}{B}$	中心频率 f_n 定义为上、下截止频率乘积的平方根,即 $f_n = \sqrt{f_{c1} \cdot f_{c2}}$
波纹幅度 d	实际的滤波器在通频带内可能出现波纹变化,其波动量称为波纹幅度	波动幅度 d 与幅频特性的稳定值 A_0 相比,越小越好,一般应远小于 -3dB,即 $d \ll A_0/\sqrt{2}$

续表

参　数	定　义	说　明
选择性		实际滤波器的选择性是一个特别重要的性能指标。过渡带的幅频特性曲线的斜率表明其幅频特性衰减的快慢,它决定着滤波器对通频带外频率成分衰减的能力。过渡带内幅频特性衰减越快,对通频带外频率成分衰减能力就越强,滤波器选择性就越好。描述选择性的参数有两个：(1)倍频程选择；(2)滤波器因数(矩形系数)
	(1) 倍频程选择	在上截止频率 f_{c2} 与 $2f_{c2}$ 之间,或者在下截止频率 f_{c1} 与 $f_{c1}/2$ 之间幅频特性的衰减值,即频率变化一个倍频程时的衰减量,以 dB 表示,即 $$W = -20\lg\frac{A(2f_{c2})}{A(f_{c2})}$$
	(2) 滤波器因数(矩形系数)	滤波器幅频特性的 -60dB 带宽与 -3dB 带宽的比值,即 $\lambda = \dfrac{B_{-60dB}}{B_{-3dB}}$。理想滤波器 $\lambda=1$,通常使用的滤波器 $\lambda = (1\sim5)$。有些滤波器因器件影响(例如电容漏阻等)阻带衰减倍数达不到 -60dB,则以标明的衰减倍数(如 -40dB 或 -30dB)带宽与 -3dB 带宽之比来表示其选择性

4.4.3　滤波器的应用

　　滤波器的应用有两种形式,一种是单个滤波器接入自动检测、自动控制装置的电路中；另一种是包含多个滤波器的滤波器组件。这里讨论后一种应用形式。

　　为了对信号频谱分析,或者需要摘取信号中某些特性频率成分,可将信号同时或逐次接在放大倍数相同但中心频率不同的滤波器的输入端,进行信号频率成分的选择和分离。通常有两种做法。一种是如图 4.21 所示的邻接式滤波器,是在振动、噪声测试中使用的一种倍频程滤波装置,或称为倍频程谱分析装置。它是由多个中心频率固定带通滤波器,且按一定规律参差相隔构成的滤波器组。另一种为连续式滤波器,即使用的各带通滤波器的中心频率是可调的,通过改变 RC 调谐参数而使其中的频率跟随所需要测量(处理)的信号频段。由于受到可调参数的限制,其可调范围是有限的。

　　对于频谱分析用的滤波器组,各滤波器通带应该相互邻接,覆盖整个感兴趣的频率范围,才不致使信号中的频率成分"丢失"。为此,滤波器的中心频率和带宽都有相应的规定,并已形成标准。

　　根据带宽与中心频率的关系,滤波器分为恒定带宽比和恒定带宽两种。前者具有同样的 Q 值,滤波器的中心频率越高,其带宽也越大；后者的带宽 B 不随中心频率的变化而改变。

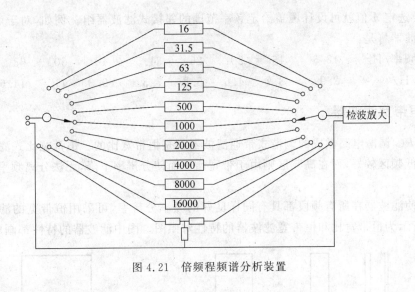

图 4.21　倍频程频谱分析装置

1. 恒带宽比滤波器

假设一个带通滤波器的下截止频率为 f_{c1}，上截止频率为 f_{c2}，二者的关系可用下式表示：

$$f_{c2} = 2^n f_{c1}$$

式中，n 为倍频程数，n 常取为 1、1/3、1/5、1/10 等。若 $n=1$，则称倍频程滤波器；若 $n=1/3$，则为 1/3 倍频程滤波器。

滤波器中心频率 f_n 为

$$f_n = \sqrt{f_{c1} \cdot f_{c2}}$$

可得

$$f_{c2} = 2^n f_{c1}$$
$$f_{c1} = 2^{-n/2} f_n$$

因此

$$f_{c2} - f_{c1} = B = f_n/Q$$
$$\frac{1}{Q} = \frac{B}{f_n} = 2^{\frac{n}{2}} - 2^{-\frac{n}{2}}$$

带宽 $B = f_{c2} - f_{c1}$ 为一定倍频程数的带通滤波器统称为倍频程滤波器。当 n 一定时，Q 值为常数，故倍频程滤波器都是恒带宽比带通滤波器。若采用具有相同 Q 值的调谐式滤波器做成邻接式滤波器，则滤波器组是由恒带宽比的滤波器构成的。因此，中心频率 f_n 越大，其带宽 B 也越大，频率分辨率越低。

对于不同的倍频程，其滤波器的品质因数分别为

倍频程 n	1	1/3	1/5	1/10
品质因数 Q	1.41	4.32	7.21	14.42

对于一组邻接的滤波器组，后一个滤波器的中心频率 f_{n2} 与前一个滤波器的中心频率 f_{n1} 之间也有下列关系：

$$f_{n2} = 2^n f_{n1}$$

因此，只要选定 n 值就可设计覆盖给定频率范围的邻接式滤波器组。例如，对于 $n=1/3$ 的倍频程滤波器将是：

中心频率/Hz	12.5	16	20	25	31.5	40	50	63	…
带宽/Hz	2.9	3.7	4.6	5.8	7.3	9.3	11.6	14.6	…

2. 恒带宽滤波器

利用 RC 调谐电路做成的调谐式带通滤波器都是恒带宽比的。恒带宽比式滤波器的滤波性能在低频区较好，而在高频区则由于带宽增加而使分辨率下降，无法分离频率值接近的成分。

为了使滤波器在所有频段都具有同样良好的频率分辨率，可采用恒带宽的滤波器。如图 4.22 所示为恒带宽比和恒带宽滤波器的特性对照图。图中滤波器的特性都画成理想的。

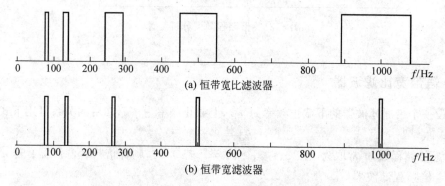

图 4.22   理想的恒带宽比滤波器和恒带宽滤波器的特性对照图

为了提高滤波器的分辨率，带宽应越窄越好，但这样为覆盖整个频率范围所需的滤波器数量就很大，因此恒带宽滤波器就不宜做成固定中心频率。一般利用一个定带宽、定中心频率的滤波器，同时使用可变参考频率的差频变换，来适应各种不同中心频率的定带宽滤波的需要。参考信号的扫描速度应能满足建立时间的要求，尤其在滤波器带宽很窄的情况，参考频率变化不能太快。实际使用中，只要对扫频的速度进行限制，使它不大于 $(0.1\sim0.5)B^2$，就能获得相当精确的频谱图。

【例 4.1】 设有一信号是由幅值相同而频率分别为 $f=940\text{Hz}$ 和 $f=1060\text{Hz}$ 的两正弦信号合成，其频谱如图 4.23(a)所示。图 4.23(b)、(c)以及(d)分别表示倍频程选择性为 25dB 的 1/3 倍频程滤波器，倍频程选择性为 45dB 的 1/10 倍频程滤波器，带宽 3Hz、滤波器因数 $\lambda=4$ 的跟踪滤波器的测量结果。试分析滤波效果。

解：比较三种滤波器测量结果可知：1/3 倍频程滤波器分析效果最差，它的带宽太大（如在 1000Hz 时，$B=230\text{Hz}$），无法分辨出两频率成分的频率和幅值。同时由于其倍频程选择性较差，以致在中心频率为 800Hz 和 1250Hz 时，尽管信号已不在滤波器的通带中，滤波器输出仍然有相当大的幅值。因此这时仅就滤波器的输出，人们是无法辨别这个输出究竟是来源于通带内的频率成分还是通带外的频率成分。相反，恒带宽跟踪滤波器的带宽窄，选择性好，足以消除上述两方面的不确定性，达到良好的频谱分析效果。恒带宽跟踪滤波器的频率分辨率可以达到很高。

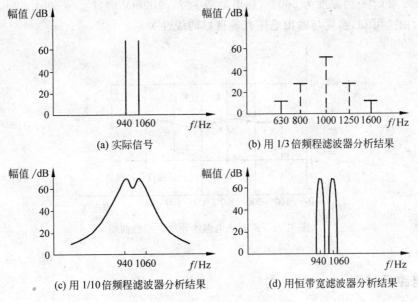

图 4.23 三种滤波器测量结果比较

4.5 工程案例分析

热电偶是温度测控中应用广泛的敏感元件,对采用热电偶的温度传感器的设计关键是根据应用需求设计好相应的信号调理电路。由于热电偶的热电动势较小,并且与温度成非线性关系,其非线性误差多在 1% 以上,因此,要使温度传感器的线性误差小于 0.2%,必须对输出热电动势进行有效处理。下面介绍的是适应一般情况的典型处理方法,即采用一级线性放大、一级乘法器、一级加法器及线性电压-电流转换电路来实现上述性能要求。

1. 理论分析

设温度为 T,各项系数为 $a_0,\cdots,a_N$,则热电偶的热电动势 e 可表示为

$$e = a_0 + a_1 T + a_2^2 T^2 + \cdots + a_N T^N$$

对于热电偶的输出电动势与温度之间的非线性问题可采用多项式线性化方法解决,若获得高次幂级数的函数,就可构成线性电路。幂次越高,精度越高,电路越复杂。利用计算机可求得 $a_0,\cdots,a_N$。对 K 型热电偶而言,其热电动势与温度的关系曲线如图 4.24 所示,温度 0~600℃ 的最大非线性误差为 1%。实际应用中只要取到 2 次幂也即采用二次函数进行就可满足精度要求,相应的近似表达式为

$$U_{\text{out}} = -0.776 + 24.9952 U_{\text{in}} - 0.034\ 733\ 2 U_{\text{in}}^2 (\text{mV})$$

根据电路的实际需要,将右边部分放大 10 倍,则有

$$U_{\text{out}} = -7.76 + 249.952 U_{\text{in}} - 0.347\ 332 U_{\text{in}}^2 (\text{mV})$$

理论与试验表明:当温度为 300℃,热电动势为 12.207mV 时,则有 $U_{\text{out}} = 2991.6\text{mV}$

（相当于 299.2℃）；而温度为 600℃，热电动势为 24.902mV 时，$U_{out}=6001.62$mV（相当于 600.1℃），由上可知，温度与输出电压有着良好的线性关系。

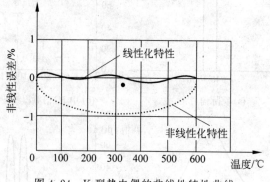

图 4.24　K 型热电偶的非线性特性曲线

2. 电路设计图

热电偶温度传感器电路主要由线性放大、平方运算、加法器、测量放大及 V/I 转换电路五部分组成，其线性化框图如图 4.25 所示，实用电路如图 4.26 所示。其中 V/I 转换是为了远距离传输信号。

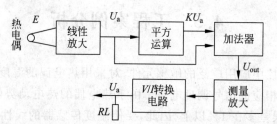

图 4.25　热电偶温度变送器线性化处理电路框图

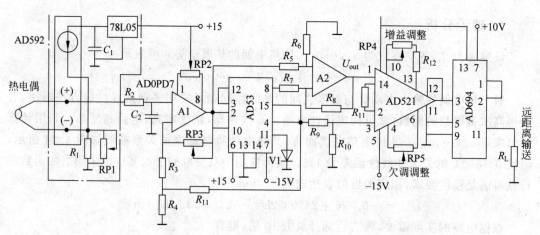

图 4.26　热电偶温度变送器线性处理电路

1) 线性放大电路

线性放大电路主要对热电偶输出的微弱电信号的电压幅度进行放大处理。电路选用了集成运算放大器 OP07,通过调整 RP3 改变其增益,使输出电压信号满足后续转换电路要求。通过对 RP2 进行调零以保证运算放大电路零点的稳定。

2) 平方运算电路

线性处理的关键是求平方运算,电路采用了平方运算的集成芯片 AD538,其精度为 0.5%,它动态范围宽、片内设有高精度的基准电压源。AD538 有三个输入端 U_X、U_Y、U_Z,可组成 $U_{out}=U_Y(U_Z/U_X)^m$,不需外接元件,即可构成平方运算电路。

AD538 与 A1、A2 及其电阻等构成线性化处理电路,运算放大器 A2 的外围电阻 $R_5 \sim R_8$ 决定多项式的 1 次幂次数与 2 次幂系数的增益。则

$$U_{out}=-7.76+(249.952U_{in})-5.56 \times 10^{-6}(^2 49.952U_{in})^2$$
$$=-7.76+U_a-5.56 \times 10^{-6}U_a^2(mV)$$
$$U_a=249.952U_{in}$$

根据 AD538 的输入/输出特性,第 8 脚输出电压为

$$U_0=U_a^2/10\,000(mV)$$

代入得

$$U_{out}=-7.76+U_a-0.0556U_a^2(mV)$$

由此可知,2 次幂系数为 0.0556,电路参数设计为 $R_8=15k\Omega,R_7=270k\Omega$,则 $R_8/R_7=0.0556$;1 次幂系数为 1,电路参数设计为 $R_5=15k\Omega,R_6=270k\Omega$,则 $[(1+R_8/R_7)R_6]/(R_5+R_6)=1$。同时,式中的 $-7.76mV$ 偏置电压用 R_5 和 R_6 获得。

3) 冷节点补偿电路

热电偶的冷节点的温度应保持恒定。但在通常使用中要满足标准中规定的 0℃ 非常不方便。当冷节点温度不为 0℃ 时,可以采用外接温度传感器产生相应于冷节点环境温度的热电动势进行补偿,本例选用温度传感器 AD592 作补偿。

为降低 AD592 的功耗,进一步降低温度误差,电路为 AD592 提供 5V 电源。图 4.26 中虚框为冷节点补偿电路,安装时 AD592 尽量靠近热电偶,RP2 用于调零,RP3 用于调节测温范围。R_1 基准电阻是把 AD592 的输出电流转换成电压。AD592 在 0℃ 时输出电流为 273.25 μA,灵敏度为 1 $\mu A/℃$。因此,环境温度为 T 时,用 RP1 调节 R_1 上的压降,使其压降为 $(273.2+T) \times 40.448$ 即可。

因 AD592 的灵敏度为 1 $\mu A/℃$,可对温度系数为 40.44 $\mu A/℃$ 的冷节点进行补偿,但还有 $273.2 \times 40.448=11.05(mV)$ 的误差电压,为此,用 R_{11} 和 R_4 进行补偿。

4) 测量放大器

测量信号放大主要由高性能的 AD521 完成,其增益在 0.1~1000 之间调整,即增益 $A=(R_{RP4}+R_S)/R_G$,各种增益参数进行了内部补偿,在 0~10V 范围内调整其输出电压,保证电压电流转换的实际要求。

5) V/I 转换电路

为保证热电偶温度传感器远距离传输信号的稳定可靠,提高抗干扰能力,采用 V/I 转换电路 AD694 将热电偶温度传感器输出的电压信号变换成 4~20mA 的标准直流信号,以满足远距离传输信号标准的要求。该电路具有输入、输出范围宽,开路及超限报警等特点。

电路按图 4.26 所示连接,其输入电压为 0～10V 变化,输出电流按线性关系在 4～20mA 范围变化,其输出能驱动的最大负荷为

$$R_L = (U_s - 2)/20 \, (\text{mA})$$

试验表明,经上述信号处理后本热电偶温度传感器的非线性误差从未经线性化处理时的 1% 降为 0.1%～0.2%。

小　结

电信号的预处理的目的:将传感器的输出转化为更容易使用的形式,将小信号进行放大或变成高频信号便于传送,从信号中去除不需要的频率分量,或者使信号能够驱动输出装置。

(1) 电桥是将电阻、电容、电感电参数变成电压和电流信号,它分直流电桥和交流电桥。直流电桥的平衡条件是 $R_1 \cdot R_3 = R_2 \cdot R_4$;交流电桥的平衡条件是 $\begin{cases} Z_1 \cdot Z_3 = Z_2 \cdot Z_4 \\ \varphi_1 + \varphi_3 = \varphi_2 + \varphi_4 \end{cases}$;电桥的连接方式分为半桥单臂、半桥双臂和全桥四臂。全桥四臂的灵敏度最大。

(3) 传感器输出的微弱信号经过放大后还要根据后续的测量仪表、数据采集器、计算机外围接接口电路等仪器对输入信号的要求,将信号进行相应的各种转换,如电压-电流转换和电压-频率转换等。

(4) 调制是将缓变信号通过调制变成高频信号以便于传送。调制分为调幅、调频和调相。解调是调制的逆过程。本章主要讲解调幅的原理,同步解调、整流检波和相敏检波解调三种方法,以及调频原理和解调的方法。

(5) 滤波器是一种选频装置。滤波器分为低通、高通、带通和带阻滤波器四种。本章主要介绍理想滤波器和实际滤波器之间的差别,实际滤波器的基本参数及其应用。

习　题

1. 直流电桥平衡条件是什么?交流电桥平衡条件是什么?

2. 以阻值 $R = 120\Omega$、灵敏度 $S = 2$ 的电阻丝应变片与阻值为 120Ω 的固定电阻组成电桥,供桥电压为 2V,并假定负载为无穷大,当应变片的应变为 $2\mu\varepsilon$ 和 $2000\mu\varepsilon$ 时,分别求出单臂、双臂电桥的输出电压,并比较两种情况下的灵敏度。

3. 在使用电阻应变片时,发现灵敏度不够,于是试图在工作电桥上增加电阻应变片数以提高灵敏度。试问,在下列情况下,是否可提高灵敏度?说明为什么?(1)半桥双臂各串联一片。(2)半桥双臂各并联一片。

4. 用电阻应变片接成全桥,测量某一构件的应变,已知其变化规律为

$$\varepsilon(t) = A\cos 10t + B\cos t$$

如果电桥激励电压是 $u_0 = E\sin 10\,000t$,求此电桥输出信号的频谱。

5. 一个信号具有 $100\sim500\text{Hz}$ 范围的频率成分,若对此信号进行调幅,试求:

(1) 调幅波的带宽将是多少?

(2) 若载波频率为 10kHz,在调幅波中将出现哪些频率成分?

6. 调制的种类有哪些? 调制、解调的目的是什么?

7. 什么是滤波器的分辨率? 与哪些因素有关?

8. 设一带通滤波器的下截止频率为 f_{c1},上截止频率为 f_{c2},中心频率为 f_c,试指出下列技术中的正确与错误:

(1) 频程滤波器 $f_{c2}=\sqrt{2}f_{c1}$;

(2) $f_c=\sqrt{f_{c1}f_{c2}}$;

(3) 滤波器的截止频率就是此通频带的幅值-3dB处的频率;

(4) 下限频率相同时,倍频程滤波器的中心频率是 $1/3$ 倍频程滤波器的中心频率的 $\sqrt[3]{2}$ 倍。

9. 有一 $1/3$ 倍频程滤波器,其中心频率 $f_n=500\text{Hz}$,建立时间 $T_e=0.8\text{s}$。求该滤波器的:

(1) 带宽 B;

(2) 上、下截止频率 f_{c1}、f_{c2};

(3) 若中心频率改为 $f_n'=200\text{Hz}$,求带宽、上下截止频率和建立时间。

10. 已知调幅波 $x_a(t)=(100+300\cos2\pi f_\Omega t)(\cos2\pi f_c t)$,其中,$f_c=10\text{kHz}$,$f_\Omega=500\text{Hz}$。试求:

(1) $x_a(t)$ 所包含的各分量的频率及幅值;

(2) 绘出调制信号与调幅波的频谱。

11. 对三个余弦信号 $x_1(t)=\cos2\pi t$,$x_2(t)=\cos6\pi t$,$x_3(t)=\cos10\pi t$,分别做理想采样,采样频率为 $f=4\text{Hz}$,求三个采样输出序列,画出信号波形和采样点的位置并解释混叠现象。

第 **5** 章

信号分析与处理

引例

信号中包含某些反映被测物理系统或过程的状态和特征等的有用信息,它是人们认识事物内在规律、研究事物之间相互关系和预测事物未来发展的重要依据。图 5.1 为钢管无损探伤试验,所采集的信号蕴含了什么信息? 如何得到有用的信息?

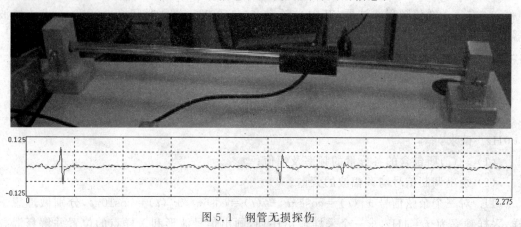

图 5.1　钢管无损探伤

5.1　信号的分类与描述

5.1.1　信号的分类

1. 按信号随时间的变化规律分类

信号通常是时间的函数,信号随时间变化的特性不同,其分类如下。

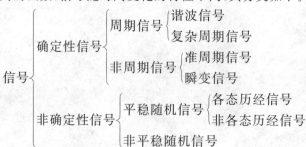

其基本概念如下。

（1）确定性信号：指用确定的数学关系式描述其随时间变化关系的信号。

例如，一个单自由度无阻尼质量-弹簧振动系统（见图 5.2）的位移信号 $x(t)$ 可表示为

$$x(t) = X_0 \cos\left(\sqrt{\frac{k}{m}}t + \varphi_0\right)$$

式中，X_0 为初始振幅；k 为弹簧刚度系数；m 为质量；t 为时间；φ_0 为初相位。

该信号波形如图 5.3 所示。

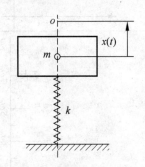

图 5.2　阻尼质量-弹簧振动系统

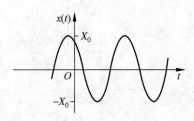

图 5.3　正弦信号的波形图

（2）周期信号：指按一定时间间隔周而复始出现的信号，其数学表达式为

$$x(t) = x(t + nT)$$

式中，T 为信号的周期；$n = \pm 1, \pm 2, \cdots$。

表 5.1 列出常见周期信号时域波形及表达式，表中 A 为幅值，ω_0 为角频率，φ_0 为初相角。

（3）谐波信号：指频率单一的正弦或余弦信号，如图 5.3 所示。

（4）复杂周期信号：指由多个乃至无穷多个频率成分的谐波信号叠加而成，叠加后存在公共周期的信号。

例如，信号 $x(t)$ 由两个周期信号 $x_1(t)$、$x_2(t)$ 叠加而成，表示为

$$x(t) = x_1(t) + x_2(t) = 10\sin(2\pi \cdot 3 \cdot t + \pi/6) + 5\sin(2\pi \cdot 2 \cdot t + \pi/3)$$

$x_1(t)$、$x_2(t)$ 周期分别为 $T_1 = 1/3$、$T_2 = 1/2$，叠加后信号的周期 $T = 1$，如图 5.4 所示。

（5）非周期信号：不具有周期重复的特性，但从时间历程来看，它们是一种确定性信号。非周期信号也可以看作一个周期 T 趋于无穷大时的周期函数。

（6）准周期信号：指由多个频率成分的谐波信号叠加，但叠加后不存在公共周期的信号。

例如，组成一信号 $x(t) = 10\sin 3t + 5\sin(\sqrt{2}t + \theta)$ 两个正弦波的周期为 $\frac{2}{3}\pi$ 和 $\sqrt{2}\pi$，叠加后信号无公共周期，如图 5.5 所示。

（7）瞬变信号：指在有限时间段内存在，或随着时间的增加而幅值衰减至零的信号，如图 5.6 所示。

表 5.1 常见周期信号时域描述及频谱图

名称	时域表达式	时域波形	幅频谱	相频谱
正弦	$x(t)=A\sin(\omega_0 t+\varphi_0)$			
余弦	$x(t)=A\cos\omega_0 t$			
方波	$x(t)=\begin{cases} A & \left(|t|\leqslant \dfrac{T}{4}\right) \\ -A & \left(\dfrac{T}{2}\geqslant|t|\geqslant\dfrac{T}{4}\right) \end{cases}$			

名称	时域表达式	时域波形	幅频谱	相频谱
三角波	$x(t)=\begin{cases}\dfrac{4A}{T}t & \left(-\dfrac{T}{4}<t\leqslant\dfrac{T}{4}\right)\\[2mm] 2A-\dfrac{4A}{T}t & \left(\dfrac{T}{4}<t\leqslant\dfrac{T}{2}\right)\\[2mm] -2A-\dfrac{4A}{T}t & \left(-\dfrac{T}{2}<t\leqslant-\dfrac{T}{4}\right)\end{cases}$			
锯齿波	$x(t)=\begin{cases}\dfrac{2A}{T}t & \left(-\dfrac{T}{2}<t<\dfrac{T}{2}\right)\\[2mm] 0 & \left(t=\pm\dfrac{T}{2}\right)\end{cases}$			
余弦全波整流	$x(t)=\lvert A\cos\omega_0 t\rvert$			

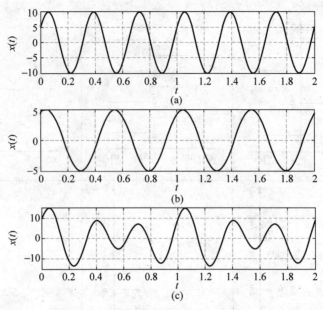

图 5.4　两个正弦信号的叠加（有公共周期）

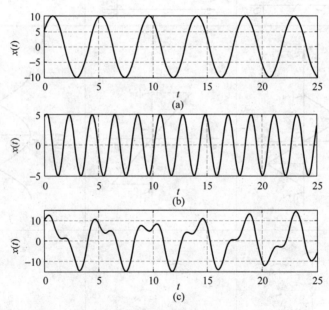

图 5.5　两个正弦信号的叠加（无公共周期）

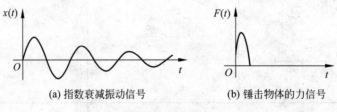

(a) 指数衰减振动信号　　　　　(b) 锤击物体的力信号

图 5.6　瞬变信号

(8) 非确定性信号：又称为随机信号，指无法用精确的数学关系式表达，或无法确切地预测未来任何瞬间精确值的信号。

随机信号每次观测的结果都不尽相同，任一观测值只是在其变动范围中可能产生的结果之一，但其变动服从统计规律，因此，随机信号的描述需用概率和统计的方法。

对随机信号按时间历程所作的各次长时间的观测记录称作样本函数，记作 $x_i(t)$，如图 5.7 所示。在有限区间内的样本函数称作样本记录。在同一试验条件下，全部样本函数的集合（总体）就是随机信号，记作 $\{x(t)\}$，即

$$\{x(t)\} = \{x_1(t), x_2(t), \cdots, x_i(t), \cdots\}$$

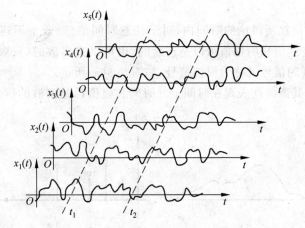

图 5.7　随机信号与样本函数

随机信号的各种统计平均值，如均值、方差、均方值和均方根值等，是按集合平均来计算的。集合平均是指在集合 $\{x(t)\}$ 中，在某时刻 t_i 对所有样本的观测值 $\{x_1(t_i), x_2(t_i), \cdots, x_i(t_i), \cdots\}$ 进行平均。例如，均值 μ_x 的计算公式为

$$\mu_x = \frac{x_1(t_i) + x_2(t_i) + \cdots + x_n(t_i)}{n}$$

为了与集合平均相区别，单个样本沿其时间历程进行平均的计算称为时间平均。例如，用时间平均计算均值 μ_x 的公式为

$$\mu_x = \frac{1}{T} \int_0^T x(t) \, dt$$

(9) 平稳随机信号：这类信号具有时不变的时域统计特性，即其统计特性参数不随时间变化的信号。

若一个平稳随机信号的集合平均统计特性等于其中一个样本的时间平均统计特性，则称该信号是各态历经的（ergodic），否则称为非各态历经随机信号。

例如，以均值 μ_x 为例，对于各态历经随机信号有

$$\mu_x = \frac{x_1(t_i) + x_2(t_i) + \cdots + x_n(t_i)}{n} = \frac{1}{T} \int_0^T x(t) \, dt$$

工程上所遇见的很多随机信号具有各态历经性（即遍历性）。有的信号虽不是严格的各态历经，但也可按照各态历经过程处理。事实上，一般的随机过程需要有足够多的样本来描

述它,而获得足够多的样本函数是非常困难的,甚至是不可实现的。因此,实际测试中常以一个或几个有限长度的样本记录来推断、估计被测对象的整个随机过程,以其时间平均代替集合平均。

(10) 非平稳随机信号:这类随机信号的时间统计特性具有时变性,是一类非常量的随机信号。

2. 按信号幅值随时间变化的连续性分类

按照信号幅值随时间变化的连续性,分为连续信号和离散信号。

其基本概念如下。

(1) 连续信号:指在所讨论的时间内,对于任意时间值(除若干不连接点以外)都可给出确定的函数值。连续信号的幅值可以是连续的,也可以是离散的(只取某些规定值)。对于时间和幅值都连续的信号又称为模拟信号,如图 5.8(a)所示。

(2) 离散信号:其离散性表现在时间上。时间和幅值都是离散的信号,称为数字信号,如图 5.8(b)所示。

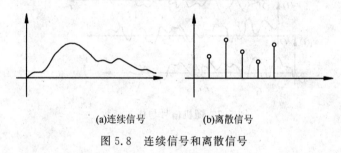

(a)连续信号　　　　　(b)离散信号

图 5.8　连续信号和离散信号

3. 按信号的能量特征分类

有时我们需要知道信号的能量特性和功率特性,为此需要研究信号电流或电压在单位电阻上所消耗的能量或功率,所以,信号可分为能量信号和功率信号。其基本概念如下。

(1) 当信号 $x(t)$ 在 $(-\infty,\infty)$ 内满足

$$\int_{-\infty}^{\infty} x^2(t)\mathrm{d}t < \infty$$

时,则该信号的能量是有限的,称为能量有限信号,简称能量信号。

能量信号仅在有限的时间段内取值或衰减,其平均功率为零。

(2) 若信号 $x(t)$ 在 $(-\infty,\infty)$ 内满足

$$\int_{-\infty}^{\infty} x^2(t)\mathrm{d}t \to \infty$$

而在有限区间 (t_1,t_2) 内的平均功率是有限的,即

$$\frac{1}{t_2-t_1}\int_{t_1}^{t_2} x^2(t)\mathrm{d}t < \infty$$

则信号为功率信号。

一般说来,信号大多是持续时间有限的能量信号。单从信号本身或其数学意义而言,周

期信号都是功率信号,非周期信号要么是能量信号(如非周期的脉冲信号),要么是功率信号(如非周期的阶跃信号)。信号可以是一个既非功率又非能量的信号(如单位斜坡信号),但是一个信号不可能既是功率信号,又是能量信号。

【例 5.1】 判断下列信号哪些属于能量信号,哪些属于功率信号。

$$x_1(t) = \begin{cases} A & 0 < t < 1 \\ 0 & \text{其他} \end{cases}$$

$$x_2(t) = A\cos(\omega_0 t + \theta) \qquad -\infty < t < \infty$$

$$x_3(t) = e^{-2t} \qquad -\infty < t < \infty$$

解:上述三个信号的能量 E 和功率 P 可分别计算如下:

$$\begin{cases} E_1 = \lim_{T \to \infty} \int_0^1 A^2 dt = A^2 \\ P_1 = \lim_{T \to \infty} \frac{1}{2T} \int_0^1 A^2 dt = 0 \end{cases}$$

$$\begin{cases} E_2 = \lim_{T \to \infty} \int_{-T}^T A^2 \cos^2(\omega_0 t + \theta) dt = \infty \\ P_2 = \lim_{T \to \infty} \frac{1}{2T} \int_{-T}^T A^2 \cos^2(\omega_0 t + \theta) dt = \frac{A^2}{2} \end{cases}$$

$$\begin{cases} E_3 = \lim_{T \to \infty} \int_{-T}^T (e^{-2t})^2 dt = \infty \\ P_3 = \lim_{T \to \infty} \frac{1}{2T} \int_{-T}^T (e^{-2t})^2 dt = \infty \end{cases}$$

可见,$x_1(t)$ 为能量信号,$x_2(t)$ 为功率信号,而 $x_3(t)$ 是一个非功率非能量信号。

以上介绍了三种常见的信号分类方法,它们分别根据信号的时间函数的确定性、连续性和可积性对信号进行分类,但都属于时域的信号分类。实际上,信号在频域内也可以进行分类,例如将信号的频域分布、能量或功率频谱表现作为划分依据,信号又可以分为低频信号、高频信号、窄带或宽频信号等;还可根据信号的波形相对于纵坐标的相对性,将信号分为奇信号和偶信号;根据信号的函数值是实数还是复数,分别有实信号和复信号,若信号函数在各个时刻取值是实数,则称为实信号,若信号函数在各时刻取值是复数,则称为复信号。

5.1.2　信号的描述

严格地讲,一般测试信号都是随机的,特别是带有噪声和干扰等的测试信号具有更大的随机性。工程上为使分析处理问题简单化,常把一些实际测试信号近似地作为确定信号来处理。为了有效地分析信号,一般从不同"域"来描述信号。

以时间作为独立变量直接观测或记录信号,称为信号的时域描述。时域描述简单直观,强调信号的幅值随时间变化的特性,而不能明确揭示信号的频率成分。

以频率为独立变量观测或记录的信号,称为频域描述。频域描述强调信号的幅值和初相位随频率变化的特征,揭示信号各频率成分的幅值、相位与频率之间的对应关系。

信号在不同域的描述是为了解决不同问题的需要,使信号的特征更为突出,但它们都是同一被测信号表示的不同形式,同一信号无论采用哪种描述方法,其含有的信息内容是相同的,不会增加新的信息。图5.9形象地表述了周期信号在不同域之间的关系。

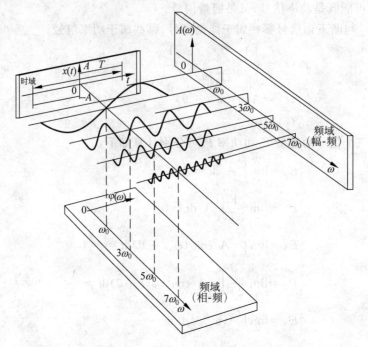

图5.9　周期信号的时域、频域描述方法及其相互关系

近年来,还发展了信号的时频描述。例如,小波变换和短时傅里叶变换。它是在时间-频域对信号进行描述和分析,而不是仅在时域或仅在频域上描述和分析。

5.2　测试信号时域分析

从理论上讲,信号的特征能以数学函数给予完整的描述。但是,在许多工程实际中,求数学函数的难度很大,因此,往往只需要掌握信号在不同域的数学特征,例如,利用数学期望的方法了解信号的中心趋势,利用方差的方法了解信号的波动情况等,而这些数学特征既方便测量和计算,又能把握信号本身的重要特性,从而使实际问题的解决大为简化。

信号的特征值在时间域有均值、均方值、均方根值、方差、标准差、峰值、概率密度函数、概率分布函数、联合概率密度函数、自相关函数和互相关函数等。

5.2.1　均值

均值 μ_x 是指信号 $x(t)$ 在观测时间 T 内幅值的平均值,即

$$\mu_x = E[x(t)] = \lim_{T \to \infty} \frac{1}{T} \int_0^T x(t)\mathrm{d}t$$

均值表示了信号变化的中心趋势,反映了信号 $x(t)$ 的静态分量,即一种有规律变化的量,或称为直流分量(趋势量)。

在实际处理时,由于无限长时间的采样是不可能的,所以取有限长的样本作估计。

$$\hat{\mu}_x = \frac{1}{T} \int_0^T x(t) \, \mathrm{d}t$$

5.2.2　均方值

均方值 ϕ_x^2 是信号平方值的均值,或称平均功率,其表达式为

$$\phi_x^2 = E[x^2(t)] = \lim_{T \to \infty} \frac{1}{T} \int_0^T x^2(t) \, \mathrm{d}t$$

均方值的估计为

$$\hat{\phi}_x^2 = \frac{1}{T} \int_0^T x^2(t) \, \mathrm{d}t$$

均方值表示信号的强度或功率。

均方值的正平方根称为均方根值 $\hat{x}_{\mathrm{rms}}$,又称为有效值,即

$$\hat{x}_{\mathrm{rms}} = \sqrt{\hat{\phi}_x^2} = \sqrt{\frac{1}{T} \int_0^T x^2(t) \, \mathrm{d}t}$$

5.2.3　方差

方差 σ_x^2 描述信号 $x(t)$ 的幅值的波动程度。定义为

$$\sigma_x^2 = E\big[(x(t) - E[x(t)])^2\big] = \lim_{T \to \infty} \frac{1}{T} \int_0^T [x(t) - \mu_x]^2 \, \mathrm{d}t$$

方差的正平方根 σ_x 称为标准差。方差表示信号 $x(t)$ 的波动量,反映了信号 $x(t)$ 的动态分量。

均值 μ_x、均方值 ϕ_x^2 和方差 σ_x^2 三者之间具有下述关系:

$$\phi_x^2 = \mu_x^2 + \sigma_x^2$$

事实上,为便于分析处理,可以从不同角度将信号分解为简单的信号分量之和。例如,信号 $x(t)$ 可分解为直流分量 $x_d(t)$ 和交流分量 $x_a(t)$ 之和,如图 5.10 所示。直流分量通过信号的均值描述,而交流分量可通过信号的方差或标准差描述。

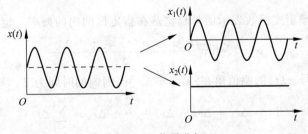

图 5.10　信号分解

5.2.4 峰值

峰值 x_p 是指信号 $x(t)$ 在时域中出现的最大瞬时幅值，即

$$x_p = |x(t)|_{max}$$

峰-峰值 x_{p-p} 是指信号 $x(t)$ 在一个周期 T 内最大幅值与最小幅值之差。

对信号的峰值要有足够的估计，以便确定测试系统的动态范围，不至于产生削波的现象，从而能真实地反映被测信号的最大值。

表 5.2 列举了几种典型周期信号的峰值 x_p、均值 μ_x 和有效值 x_{rms} 之间的数量关系。信号的峰值 x_p 和有效值 x_{rms} 的检测，可以用三值电压表和普通的电工仪表测量；各单项值也可以根据需要用不同的仪表测量，如示波器、直流电压表等。

表 5.2   典型周期信号的特征值

名称	波 形	x_p	μ_x	x_{rms}
正弦波	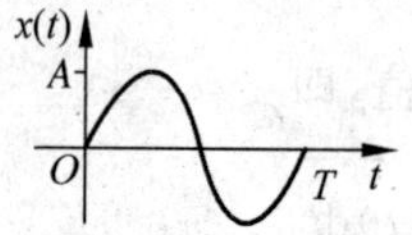	A	0	$\dfrac{A}{\sqrt{2}}$
方波	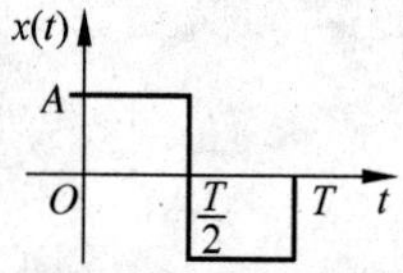	A	0	A
三角波	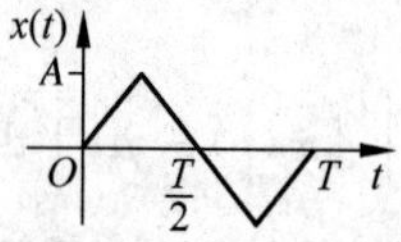	A	0	$\dfrac{A}{\sqrt{3}}$
锯齿波	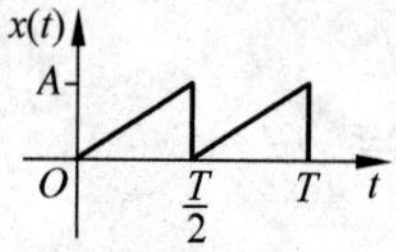	A	$A/2$	$\dfrac{A}{\sqrt{3}}$

5.2.5 概率密度函数

随机信号的概率密度函数表示信号幅值落在指定区间内的概率。定义为

$$p(x) = \lim_{\Delta x \to 0} \frac{P[x < x(t) \leqslant x + \Delta x]}{\Delta x}$$

如图 5.11 所示，信号 $x(t)$ 的幅值落在 $[x, x+\Delta x]$ 区间内的时间为 T_x，则

$$T_x = \Delta t_1 + \Delta t_2 + \Delta t_3 + \cdots + \Delta t_n = \sum_{i=1}^{N} \Delta t_i$$

当样本函数 $x(t)$ 的记录时间 $T \to \infty$ 时，T_x/T 的比值就是幅值落在 $[x, x+\Delta x]$ 区间内的概率，即

$$P[x < x(t) \leqslant (x + \Delta x)] = \lim_{T \to \infty} \frac{T_x}{T}$$

则概率密度函数又可表示为

$$p(x) = \lim_{\Delta x \to 0} \frac{P[x < x(t) \leqslant x + \Delta x]}{\Delta x} = \lim_{\Delta x \to 0} \frac{1}{\Delta x} \lim_{T \to \infty} \frac{T_x}{T}$$

在有限时间记录 T 内的概率密度函数可由下式估计：

$$p(x) = \frac{T_x}{T \cdot \Delta x}$$

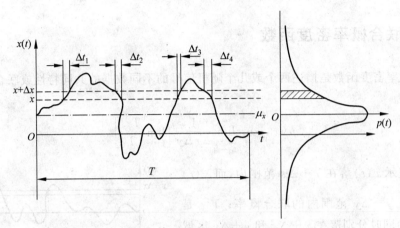

图 5.11　概率密度函数的说明

　　概率密度函数提供了随机信号沿幅值域分布的信息,描述了随机信号在幅值域中的特征,是随机信号的主要统计参数之一。

　　利用概率密度函数可以进行产品质量控制、研究材料的强度、控制设备的工作稳定性以及机器的故障诊断。例如,正常运行的机器的噪声是由大量的、无规则的、量值较小的随机冲击组成的,因此其幅值概率分布比较集中,代表冲击能量的方差较小。当机器运行状态不正常时,在随机噪声中将出现有规则的、周期性的冲击,其量值要比随机冲击大得多。如图 5.12 所示,图 5.12(a)和图 5.12(b)是车床新旧两个变速箱的噪声概率密度函数。通过对比发现,新旧两个变速箱的概率密度函数有着明显的差异,由于随机噪声的概率密度曲线是高斯曲线,正弦信号的概率密度曲线是中凹的曲线,这表明新变速箱的噪声中主要是随机噪声,旧变速箱的噪声中就会出现不同频率的正弦波。因此,利用噪声概率密度函数可以判断机器状态。

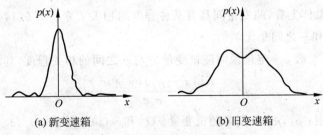

(a) 新变速箱　　　　　　　　(b) 旧变速箱

图 5.12　车床变速箱噪声概率密度函数

5.2.6　概率分布函数

概率分布函数，又称为累积概率，是信号幅值小于或等于某值 R 的概率，其定义为

$$F(x) = \int_{-\infty}^{R} p(x)\mathrm{d}x$$

概率分布函数表示落在某一区间的概率，亦可表示为

$$F(x) = P(-\infty < x < R)$$

5.2.7　联合概率密度函数

联合概率密度函数是描述两个或几个随机信号的不同数据的共同特性或联合特性的参数，其定义为

$$p(x,y) = \lim_{\substack{\Delta x \to 0 \\ \Delta y \to 0}} \frac{1}{\Delta x \Delta y}\left[\lim_{T \to \infty} \frac{T_{xy}}{T}\right]$$

式中，$\dfrac{T_{xy}}{T}$ 表示 $x(t)$ 落在 $x + \Delta x$ 范围内，而 $y(t)$ 值同时落在 $y + \Delta y$ 范围内的联合概率；T_{xy} 是 $x(t)$ 和 $y(t)$ 同时分别落在 $x + \Delta x$ 和 $y + \Delta y$ 区域中的总时间，即 $T_{xy} = \Delta t_1 + \Delta t_2 + \cdots$，如图 5.13 所示。

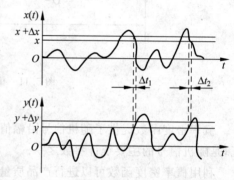

图 5.13　联合概率密度函数的计算

联合概率密度函数反映了两个相关随机数据发生某一事件的概率。例如，两个结构产生的随机振动是相互关联的，则可用联合概率密度函数预计两个相邻弹性结构振动的碰撞概率。

5.2.8　相关函数

1. 相关的概念

所谓相关，是指变量之间的线性关系。两个变量 x 和 y 组成的数据点的分布情况如图 5.14 所示。图 5.14(a)显示两变量 x 和 y 有较好的线性关系；图 5.14(b)显示两变量虽无确定关系，但从总体上看，两变量间具有某种程度的相关关系；图 5.14(c)各点分布很散乱，可以说变量 x 和 y 之间是无关的。

一般采用相关系数 ρ_{xy} 定量说明随机变量 x 与 y 之间的相关程度，其定义为

$$\rho_{xy} = \frac{E[(x - \mu_x)(y - \mu_y)]}{\sigma_x \sigma_y}$$

式中，E 为数学期望；μ_x，μ_y 分别为随机变量 $x(t)$ 和 $y(t)$ 的均值；σ_x，σ_y 分别为随机变量 $x(t)$ 和 $y(t)$ 的标准差。

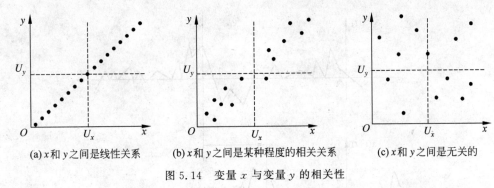

(a) x 和 y 之间是线性关系　　(b) x 和 y 之间是某种程度的相关关系　　(c) x 和 y 之间是无关的

图 5.14　变量 x 与变量 y 的相关性

当 $|\rho_{xy}|=1$ 时,说明 $x(t)$、$y(t)$ 两变量是理想的线性关系。$\rho_{xy}=-1$ 时也是理想的线性相关,只不过直线的斜率为负。当 $|\rho_{xy}|=0$ 时,则说明两个变量之间完全无关。

2. 自相关函数

自相关函数 $R_x(\tau)$ 是指信号 $x(t)$ 与其经 τ 时移后的信号 $x(t+\tau)$ 乘积,再作积分平均运算,即

$$R_x(\tau)=\lim_{T\to\infty}\frac{1}{T}\int_0^T x(t)x(t+\tau)\mathrm{d}t$$

式中,$\tau\in(-\infty,\infty)$,是与时间变量 t 无关的连续时间变量,称为"时间延迟",简称"时延"。所以,自相关函数是时间延迟 τ 的函数。图 5.15 所示为 $x(t)$ 和 $x(t+\tau)$ 的波形图。

自相关函数描述一个信号一个时刻的幅值与另一个时刻幅值之间的依赖关系。或者说,现在的波形与时间坐标移动之后的波形之间的相似程度。

在实际处理时,常用有限长样本作估计,即

$$\hat{R}_x(\tau)=\frac{1}{T}\int_0^T x(t)x(t+\tau)\mathrm{d}t$$

自相关函数具有以下主要性质:

(1) $R_{xx}(\tau)=R_{xx}(-\tau)$,即自相关函数以 $\tau=0$ 为中心左右对称,是偶函数。

(2) 自相关函数在 $\tau=0$ 时,$R_x(\tau)$ 的值最大,其值为

$$R_x(0)=\lim_{T\to\infty}\int_0^T x^2(t)\mathrm{d}t=\phi_x^2\geqslant R_x(\tau)$$

(3) 若信号中含有直流分量 μ_x,则 $R_x(\tau)$ 含有直流分量 μ_x^2。

(4) 对 $\mu_x=0$ 且不含周期成分的信号,则有 $\lim_{\tau\to\infty}R_x(\tau)=0$。

(5) 如果信号含有周期分量,则自相关函数中必含有同频率的周期分量,但不具有原信号的相位信息。

【例 5.2】　求正弦函数 $x(t)=x_0\sin(\omega t+\varphi)$ 的自相关函数。

解:根据自相关函数的定义

$$R_x(\tau)=\lim_{T\to\infty}\frac{1}{T}\int_0^T x(t)x(t+\tau)\mathrm{d}t=\frac{1}{T_0}\int_0^T x_0^2\sin(\omega t+\varphi)\sin[\omega(t+\tau)+\varphi]\mathrm{d}t$$

$$=\frac{x_0^2}{2}\cos\omega\tau$$

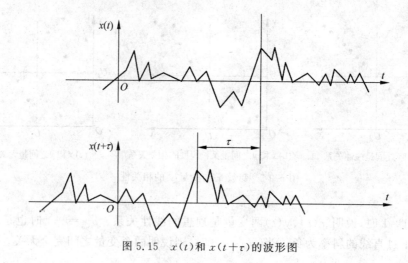

图 5.15　$x(t)$ 和 $x(t+\tau)$ 的波形图

可见正弦函数的自相关函数是一个余弦函数，在 $\tau=0$ 时具有最大值 $\dfrac{x_0^2}{2}$，如图 5.16 所示。它保留了变量 $x(t)$ 的幅值信息 x_0 和频率 ω 信息，但丢掉了初始相位 φ 信息。

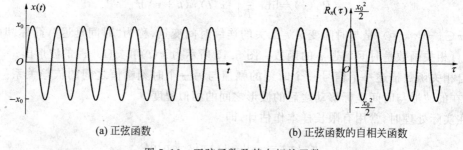

(a) 正弦函数　　　　　　　　　　　(b) 正弦函数的自相关函数

图 5.16　正弦函数及其自相关函数

【例 5.3】　如图 5.17 所示，用轮廓仪对一机械加工表面的粗糙度检测信号 $a(t)$ 进行自相关分析，得到了其相关函数 $R_a(\tau)$。试根据 $R_a(\tau)$ 分析造成机械加工表面粗糙的原因。

　　解：观察 $a(t)$ 的自相关函数 $R_a(\tau)$，发现 $R_a(\tau)$ 呈周期性，这说明造成粗糙的原因之一是某种周期因素。从自相关函数图可以确定周期因素的频率为

$$f=\frac{1}{T}=\frac{1}{0.5/3}=6(\text{Hz})$$

根据加工该工件的机械设备中的各个运动部件的运动频率（如电动机的转速、拖板的往复运动次数、液压系统的油脉动频率等），通过测算和对比分析，运动频率与 6Hz 接近的部件的振动就是造成该粗糙度的主要原因。

3. 互相关函数

　　设两个不同的随机信号 $x(t)$ 和 $y(t)$，互相关函数 $R_{xy}(\tau)$ 定义为

$$R_{xy}(\tau)=\lim_{T\to\infty}\frac{1}{T}\int_0^T x(t)y(t+\tau)\mathrm{d}t$$

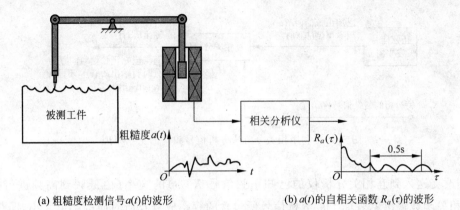

(a) 粗糙度检测信号 $a(t)$ 的波形　　　　(b) $a(t)$ 的自相关函数 $R_a(\tau)$ 的波形

图 5.17　表面粗糙度的相关检测法

对于有限序列的互相关函数,用下式进行估计:

$$\hat{R}_{xy}(\tau) = \frac{1}{T}\int_0^T x(t)y(t+\tau)\mathrm{d}t$$

互相关函数具有以下主要性质:

(1) $R_{xy}(\tau)$ 的峰值不在 $\tau=0$ 处,其峰值偏离原点的位置反映了两信号时移的大小,相关程度最高,它反映 $x(t)$、$y(t)$ 之间主传输通道的滞后时间,如图 5.18 所示。

(2) 互相关函数是非奇函数、非偶函数,$R_{xy}(\tau)=R_{yx}(-\tau)$。

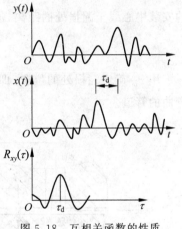

(3) 均值为零的两统计独立的随机信号 $x(t)$ 与 $y(t)$,对所有的 τ 值 $R_{xy}(\tau)=0$。

(4) 两个不同频率的周期信号的互相关函数为零。

(5) 周期信号与随机信号的互相关函数为零。

【例 5.4】　求 $x(t)=x_0\sin(\omega t+\theta)$,$y(t)=y_0\sin(\omega t+\theta+\varphi)$ 的互相关函数 $R_{xy}(\tau)$。

图 5.18　互相关函数的性质

解:

$$R_{xy}(\tau) = \lim_{T\to\infty}\frac{1}{T}\int_0^T x(t)y(t+\tau)\mathrm{d}t$$

$$= \frac{1}{T_0}\int_0^{T_0} x_0 y_0\sin(\omega t+\theta)\sin[\omega(t+\tau)+\theta-\varphi]\mathrm{d}t$$

$$= \frac{x_0 y_0}{2}\cos(\omega\tau-\varphi)$$

由此可见,与自相关函数不同,两个同频率的谐波信号的互相关函数不仅保留了两个信号的幅值 x_0、y_0 信息、频率 ω 信息,而且还保留了两信号的相位 φ 信息。

【例 5.5】　用相关分析法分析复杂信号的频谱。

相关分析法分析复杂信号的频谱的工作原理如图 5.19 所示。

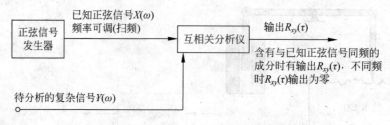

图 5.19   利用相关分析法分析信号频谱的工作原理

当改变送入到互相关分析仪的已知正弦信号 $X(\omega)$ 的频率（由低频到高频进行扫描）时，其相关函数输出就表征了被分析信号所包含的频率成分及所对应的幅值大小，即获得被分析信号的频谱。

【例 5.6】   用相关分析法确定深埋地下的输油管裂损位置，以便开挖维修。

如图 5.20 所示，漏损处 K 可视为向两侧传播声音的声源，在两侧管道上分别放置传感器 1 和 2。因为放置传感器的两点相距漏损处距离不等，则漏油的声响传至两传感器的时间就会有差异，在互相关函数图上 $\tau=\tau_m$ 处有最大值，这个 τ_m 就是时差。设 s 为两传感器的安装中心线至漏损处的距离，v 为音响在管道中的传播速度，则

$$s=\frac{1}{2}v\tau_m$$

用 τ_m 确定漏损处的位置，即线性定位问题，其定位误差为几十厘米，该方法也可用于弯曲的管道。

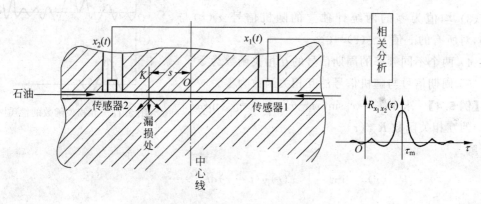

图 5.20   利用相关分析进行线性定位

【例 5.7】   利用互相关函数进行设备的不解体故障诊断。

若要检查一小汽车司机座位的振动是由发动机引起的，还是由后桥引起的，可在发动机、司机座位、后桥上布置加速度传感器，如图 5.21 所示，然后将输出信号放大并进行相关分析。可以看到，发动机与司机座位的相关性较差，而后桥与司机座位的互相关较大，因此，可以认为司机座位的振动主要是由汽车后桥的振动引起的。

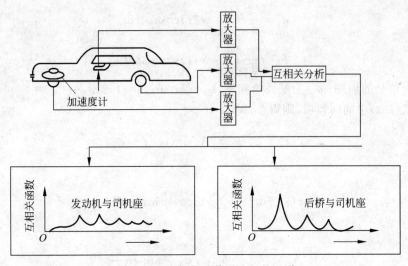

图 5.21　车辆振动传递途径的识别

5.3　测试信号频域分析

频谱是信号在频域上的重要特征,反映了信号的频率成分以及分布情况。对于在时域上难以分析的信号,通常变换到频域上进行分析。目前信号频域分析方法通常包括经典频谱分析和现代频谱分析两大类。经典频谱分析的理论基础为傅里叶分析方法,包括用于周期信号进行频域分析的傅里叶级数、用于非周期信号进行频域分析的傅里叶变换以及用于随机信号的具有统计特征的功率谱密度进行频域分析等,属于线性估计。但是大多数存在着频率分辨率低和频谱旁瓣泄漏严重的缺点。现代频谱分析则是以随机过程参数模型的参数估计为基础,属于非线性参数估计,具有较高的频率分辨率。本书主要讨论经典频谱分析。

5.3.1　周期信号的频域描述

1. 三角形式的傅里叶级数

在有限区间上,任何周期信号 $x(t)$ 只要满足狄利克雷(Dirichlet)条件,都可以展开成傅里叶级数。傅里叶级数的三角函数表达式为

$$x(t) = a_0 + \sum_{n=1}^{\infty}(a_n\cos n\omega_0 t + b_n\sin n\omega_0 t) \tag{5-1}$$

式中, a_0 为信号的常值分量; a_n 为信号的余弦分量幅值; b_n 为信号的正弦分量幅值。 a_0、 a_n 和 b_n 称为傅里叶系数,其值分别为

$$a_0 = \frac{1}{T_0}\int_{-T_0/2}^{T_0/2} x(t)\mathrm{d}t$$

$$a_n = \frac{2}{T_0} \int_{-T_0/2}^{T_0/2} x(t) \cos n\omega_0 t \, \mathrm{d}t$$

$$b_n = \frac{2}{T_0} \int_{-T_0/2}^{T_0/2} x(t) \sin n\omega_0 t \, \mathrm{d}t$$

式中，T_0 为信号的周期；ω_0 为基波角频率，$\omega_0 = 2\pi/T_0$，$n = 1, 2, 3, \cdots$。

合并式(5-1)中的同频项，则得

$$x(t) = a_0 + \sum_{n=1}^{\infty} A_n \sin(n\omega_0 t + \varphi_n) \tag{5-2a}$$

或

$$x(t) = a_0 + \sum_{n=1}^{\infty} A_n \cos(n\omega_0 t + \theta_n) \tag{5-2b}$$

式中，

$$A_n = \sqrt{a_n^2 + b_n^2}, \quad \varphi_n = \arctan \frac{a_n}{b_n}$$

$$\theta_n = \arctan(-b_n/a_n)$$

式(5-2)表明：满足狄里赫利条件的任何周期信号是由一个或几个乃至无穷多个不同频率的谐波叠加而成，且这些简谐分量的角频率必定是基波角频率的整数倍。通常把角频率为 ω_0 的分量称为基波或基频。频率为 $2\omega_0, 3\omega_0, \cdots$ 的分量，分别称为二次谐波、三次谐波……。

由于幅值 A_n 和相位 φ_n 与频率 $n\omega_0$ 有关，以频率 $\omega(n\omega_0)$ 为横坐标，分别以幅值 A_n 和相位 φ_n 为纵坐标，那么 $A_n - \omega$ 称为信号幅频谱图，$\varphi_n - \omega$ 称为相频谱图，两者统称为信号的三角级数频谱图，简称"频谱"。常见周期信号的频谱图如表 5.1 所示。

常见周期信号的频谱具有以下特点：

(1) 离散性。周期信号的频谱由无限多条离散谱线组成，每根谱线代表一个谐波成分，谱线的高度代表该谐波成分的幅值大小。

(2) 谐波性。每条谱线只有在其基频的整数倍 $n\omega_0$ 的离散点频率处才有值。

(3) 收敛性。谐波幅值总的趋势是随谐波频率的增大而减小，当谐波次数无限增高时，其幅值趋于零。

因此，在选择测量仪器时，测量仪器的工作频率范围必须大于被测信号的频宽，否则将会引起信号失真，造成较大的测量误差。因此，设计或选用测试仪器时需要了解被测信号的频带宽度。

【例 5.8】 设周期性方波 $x(t)$ 在一个周期中，可表示为

$$x(t) = \begin{cases} -A & -\dfrac{T_0}{2} \leqslant t \leqslant -\dfrac{T_0}{4} \\ A & -\dfrac{T_0}{4} \leqslant t \leqslant \dfrac{T_0}{4} \\ -A & \dfrac{T_0}{4} \leqslant t \leqslant \dfrac{T_0}{2} \end{cases}$$

求其傅里叶级数的三角展开式及其三角频谱，其中周期为 T_0，幅值为 A。

解：由于 $x(t)$ 为偶函数，故正弦分量幅值 $b_n = 0$。同时信号的波形关于时间轴对称，故

直流分量 $a_0=0$；余弦分量幅值为

$$a_n = \frac{2}{T_0}\int_{-T_0/2}^{T_0/2} x(t)\cos n\omega_0 t\,\mathrm{d}t = \frac{4}{T_0}\int_0^{T_0/2} x(t)\cos n\omega_0 t\,\mathrm{d}t$$

$$= \frac{4A}{n\pi}\cdot\sin\left(\frac{n\pi}{2}\right)$$

$$= \begin{cases} \frac{4A}{n\pi} & n=1,3,5,\cdots \\ 0 & n=2,4,6,\cdots \end{cases}$$

其中，$A_n=\sqrt{a_n^2+b_n^2}=|a_n|=\frac{4A}{n\pi}\quad n=1,3,5,\cdots$

$$\theta_n = \arctan\left(-\frac{b_n}{a_n}\right) = \arctan\left(-\frac{0}{\frac{4A}{n\pi}(-1)^{\frac{n-1}{2}}}\right) = \begin{cases} 0 & n=1,5,9,\cdots \\ \pi & n=3,7,11,\cdots \end{cases}$$

周期方波的傅里叶级数展开式为

$$x(t) = a_0+\sum_{n=1}^{\infty}A_n\cos(n\omega_0 t+\theta_n) = \frac{4A}{\pi}\left(\cos\omega_0 t+\frac{1}{3}\cos3\omega_0 t+\frac{1}{5}\cos5\omega_0 t+\frac{1}{7}\cos5\omega_0 t+\cdots\right)$$

其频谱图如图 5.22 所示。

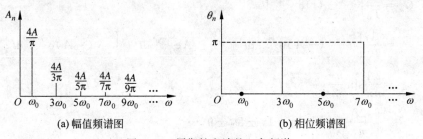

(a) 幅值频谱图　　　　(b) 相位频谱图

图 5.22　周期性方波的三角频谱

2. 复数形式的傅里叶级数

虽然傅里叶级数的三角函数展开式能够清楚地表示原函数中所包含的各个谐波分量，但是其积分运算比较复杂，特别是当原函数 $x(t)$ 为复杂的函数时，其计算就更为繁杂，甚至难以计算。为了便于数学运算，将傅里叶级数写成复指数函数形式。

根据欧拉公式

$$\mathrm{e}^{\pm\mathrm{j}\omega_0 t} = \cos\omega_0 t\pm\mathrm{j}\sin\omega_0 t$$

$$\cos\omega_0 t = \frac{1}{2}(\mathrm{e}^{-\mathrm{j}\omega_0 t}+\mathrm{e}^{\mathrm{j}\omega_0 t})$$

$$\sin\omega_0 t = \mathrm{j}\frac{1}{2}(\mathrm{e}^{-\mathrm{j}\omega_0 t}-\mathrm{e}^{\mathrm{j}\omega_0 t})$$

其中，$\mathrm{j}=\sqrt{-1}$。

式(5-1)可改写为

$$x(t) = a_0+\sum_{n=1}^{\infty}\left[\frac{a_n-\mathrm{j}b_n}{2}\mathrm{e}^{\mathrm{j}n\omega_0 t}+\frac{a_n+\mathrm{j}b_n}{2}\mathrm{e}^{-\mathrm{j}n\omega_0 t}\right]$$

令

$$C_0 = a_0$$

$$C_n = \frac{1}{2}(a_n - \mathrm{j}b_n)$$

$$C_{-n} = \frac{1}{2}(a_n + \mathrm{j}b_n)$$

则傅里叶级数的复指数形式的表达式为

$$x(t) = \sum_{n=-\infty}^{\infty} C_n \mathrm{e}^{\mathrm{j}n\omega_0 t} \qquad n = 0, \pm 1, \pm 2, \cdots \tag{5-3}$$

其中

$$C_n = \frac{1}{T_0} \int_{-T_0/2}^{T_0/2} x(t) \mathrm{e}^{-\mathrm{j}n\omega_0 t} \mathrm{d}t$$

在一般情况下，C_n 是复数，由周期信号 $x(t)$ 确定。它综合反映了 n 次谐波的幅值及相位信息。需要指出的是，负频率的出现，仅仅是数学推导的结果，并无实际的物理意义。

【例 5.9】　求例 5.8 的周期性方波 $x(t)$ 的傅里叶级数的复指数展开及其双边谱。

解：在 $x(t)$ 的一个周期中，

$$
\begin{aligned}
C_n &= \frac{1}{T_0} \int_{-T_0/2}^{T_0/2} x(t) \mathrm{e}^{-\mathrm{j}n\omega_0 t} \mathrm{d}t \\
&= \frac{1}{T_0} \left[\int_{-T_0/2}^{-T_0/4} (-A) \mathrm{e}^{-\mathrm{j}n\omega_0 t} \mathrm{d}t + \int_{-T_0/4}^{T_0/4} A \mathrm{e}^{-\mathrm{j}n\omega_0 t} \mathrm{d}t + \int_{T_0/4}^{T_0/2} (-A) \mathrm{e}^{-\mathrm{j}n\omega_0 t} \mathrm{d}t \right] \\
&= \frac{2A}{n\pi} \sin \frac{n\pi}{2} \\
&= \begin{cases} \dfrac{2A}{|n\pi|} & n = \pm 1, \pm 5, \pm 9, \cdots \\[2mm] -\dfrac{2A}{|n\pi|} & n = \pm 3, \pm 7, \pm 11, \cdots \\[2mm] 0 & n = 0, \pm 2, \pm 4, \pm 6, \cdots \end{cases}
\end{aligned}
$$

因此

$$x(t) = \frac{2A}{\pi} \sum_{n=-\infty}^{\infty} \frac{1}{n} \sin \frac{n\pi}{2} \mathrm{e}^{\mathrm{j}n\omega_0 t} \qquad n = \pm 1, \pm 3, \pm 5, \cdots$$

周期性方波 $x(t)$ 的频谱图如图 5.23 所示。比较图 5.22 与图 5.23 可发现：图 5.22 中每一条谱线代表一个分量的幅度，而图 5.23 中把每个分量的幅度一分为二，在正负频率相对应的位置上各占一半，只有把正负频率上相对应的两条谱线矢量相加才能代表一个分量的幅度。

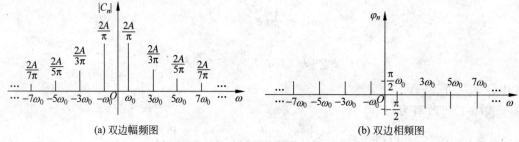

(a) 双边幅频图　　　　　　　　　(b) 双边相频图

图 5.23　周期性方波双边频谱图

5.3.2　非周期信号的频域描述

1. 傅里叶变换

对于周期信号,借助傅里叶级数完成从时域到频域的转换,而非周期信号不具有周期性,不能使用傅里叶级数进行频谱分析,因此必须寻找新的数学工具,这就是傅里叶变换。

设有一周期信号 $x(t)$,其在区间 $[-T_0/2, T_0/2]$ 用傅里叶级数表示为

$$x(t) = \sum_{n=-\infty}^{\infty} \left[\frac{1}{T_0} \int_{-\frac{T_0}{2}}^{\frac{T_0}{2}} x(t) \mathrm{e}^{-jn\omega_0 t} \right] \mathrm{e}^{jn\omega_0 t}$$

当 $T_0 \to \infty$ 时,信号的积分区间由 $[-T_0/2, T_0/2]$ 变为 $(-\infty, \infty)$,这意味着在周期无限扩大时,周期信号频谱谱线间隔 $\Delta\omega = \omega_0 = \dfrac{2\pi}{T_0}$ 趋于无穷小,频率间隔 $\Delta\omega$ 成为 $\mathrm{d}\omega$,离散谱中相邻的谱线紧靠在一起,$n\omega_0 \to$ 连续变量 ω,离散频谱变成了连续频谱,求和 $\sum \to$ 积分。于是得到傅里叶积分

$$x(t) = \frac{1}{2\pi} \int_{-\infty}^{+\infty} \left[\int_{-\infty}^{+\infty} x(t) \mathrm{e}^{-j\omega t} \right] \mathrm{e}^{j\omega t} \mathrm{d}\omega$$

于是有

$$x(t) = \frac{1}{2\pi} \int_{-\infty}^{\infty} X(\mathrm{j}\omega) \cdot \mathrm{e}^{j\omega t} \mathrm{d}\omega \tag{5-4}$$

$$X(\omega) = \int_{-\infty}^{\infty} x(t) \mathrm{e}^{-j\omega t} \mathrm{d}t \tag{5-5}$$

式中,$X(\omega)$ 称为信号 $x(t)$ 的傅里叶积分变换或简称为傅里叶变换。式(5-4)和式(5-5)构成了傅里叶变换对。

$X(\omega)$ 为单位频宽上的谐波幅值,具有"密度"的含义,故把 $X(\omega)$ 称为瞬态信号的"频谱密度函数",或简称"频谱函数"。

由于 $\omega_0 = 2\pi f$,所以式(5-4)和式(5-5)可变为

$$X(f) = \int_{-\infty}^{\infty} x(t) \mathrm{e}^{-j2\pi ft} \mathrm{d}t \tag{5-6}$$

$$x(t) = \int_{-\infty}^{\infty} X(f) \cdot \mathrm{e}^{j2\pi ft} \mathrm{d}f \tag{5-7}$$

这就避免了在傅里叶变换中出现 $1/2\pi$ 的常数因子,使公式形式简化。

傅里叶变换复数形式,可表示为

$$X(f) = A(f) \cdot \mathrm{e}^{j \cdot \varphi(f)}$$

式中,$A(f) = |X(f)|$ 为信号 $x(t)$ 的连续幅频谱密度;$\varphi(f)$ 为信号 $x(t)$ 的连续相频谱密度。

傅里叶变换的主要性质及其推导和说明请参阅相关书籍和资料。一些常见函数的傅里叶变换表见附表 I-1。

2. 典型信号的频谱

1）矩形窗函数的频谱

【例 5.10】 求矩形窗函数 $w_R(t)$ 的频谱。矩形窗函数为

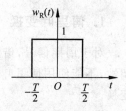

图 5.24 窗函数

$$w_R(t) = \begin{cases} 0 & (t < -T/2) \\ 1 & (-T/2 < t < T/2) \\ 0 & (t > T/2) \end{cases}$$

其波形如图 5.24 所示。

解：窗函数的频谱为

$$W_R(f) = \int_{-\infty}^{+\infty} w_R(t) e^{-j2\pi f t} \, dt = \int_{-\frac{T}{2}}^{\frac{T}{2}} 1 \cdot e^{-j2\pi f t} \, dt = T \frac{\sin(\pi f T)}{\pi f T} = T \operatorname{sinc}(\pi f T)$$

式中，通常定义 $\operatorname{sinc} x \triangleq \dfrac{\sin x}{x}$，该函数称为取样函数，也称为滤波函数或内插函数。

$\operatorname{sinc} x$ 函数的曲线如图 5.25 所示，它以 2π 为周期并随 x 的增加而作衰减振荡，$\operatorname{sinc} x$ 函数为偶函数，在 $n\pi (n = 0, \pm 1, \pm 2, \cdots)$ 处其值为零。

矩形窗函数的频谱密度函数为扩大了 T 倍的采样函数，其幅值频谱为

$$A(f) = T \mid \operatorname{sinc}(2\pi f T) \mid$$

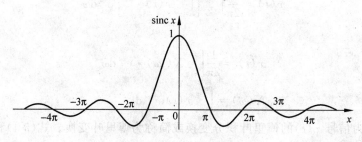

图 5.25 $\operatorname{sinc} x$ 函数

相频谱为

$$\varphi(f) = \begin{cases} \pi & \dfrac{2n-2}{T} < f < \dfrac{2n-1}{T} & n = 0, -1, -2, \cdots \\[2mm] 0 & \dfrac{2n-1}{T} < f < \dfrac{2n}{T} & n = 0, -1, -2, \cdots \\[2mm] 0 & \dfrac{2n}{T} < f < \dfrac{2n+1}{T} & n = 0, 1, 2, \cdots \\[2mm] -\pi & \dfrac{2n+1}{T} < f < \dfrac{2n+2}{T} & n = 0, 1, 2, \cdots \end{cases}$$

窗函数的频谱图如图 5.26 所示。

矩形窗函数在信号处理中有着重要的应用，在时域中若截取某信号的一段记录长度，则相当于原信号和矩形窗函数的乘积，因而所得频谱将是原信号频域函数和 $\operatorname{sinc} x$ 函数的卷积，由于 $\operatorname{sinc} x$ 函数的频谱是连续的、频率无限的，因此信号截取后频谱将是连续的、频率无限延伸的。

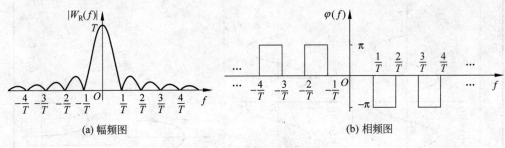

(a) 幅频图　　　　　　　　　　　(b) 相频图

图 5.26　窗函数的频谱

比较周期信号和非周期信号的频谱可知：首先，非周期信号幅值谱 $|X(f)|$ 为连续频谱，而周期信号幅值谱 $|C_n|$ 为离散频谱。其次，$|C_n|$ 的量纲和信号幅值的量纲一致，而 $|X(f)|$ 的量纲相当于 $|C_n|/f$，为单位频宽上的幅值，即"频谱密度函数"。

2）单位脉冲函数（δ 函数）及其频谱

在 ε 时间内激发矩形脉冲所包含的面积为 1，当 $\varepsilon \to 0$ 时，$S_\varepsilon(t)$ 的极限称为单位脉冲函数，记作 $\delta(t)$，即

$$\lim_{\varepsilon \to 0} S_\varepsilon(t) = \delta(t)$$

图 5.27 显示了矩形脉冲到 δ 函数的转化关系。

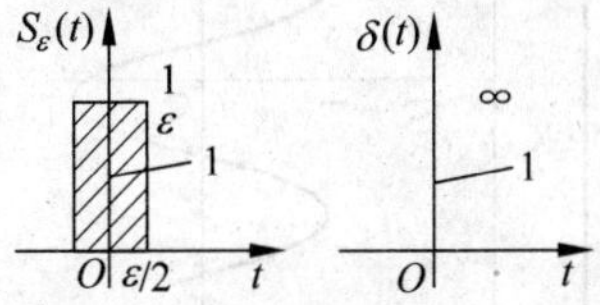

图 5.27　矩形脉冲与 δ 函数

从函数极限的角度看

$$\delta(t) = \begin{cases} \infty & t = 0 \\ 0 & t \neq 0 \end{cases}$$

从面积角度看

$$\int_{-\infty}^{\infty} \delta(t)\,\mathrm{d}t = \lim_{\varepsilon \to 0} \int_{-\infty}^{\infty} S_\varepsilon(t)\,\mathrm{d}t = 1$$

由上式可知，当 $\varepsilon \to 0$ 时，面积为 1 的脉冲函数 $S_\varepsilon(t)$ 即为 $\delta(t)$。

由于现实中的信号的持续时间不可能为零，因此，δ 函数是一个理想函数，是一种物理不可实现的信号。δ 函数当 $\varepsilon \to 0$ 时在原点的幅值为无穷大，但其包含的面积为 1，表示信号的能量是有限的。δ 函数的性质如表 5.3 所示。

将 $\delta(t)$ 进行傅里叶变换，考虑 δ 函数的筛选特性，则

$$\Delta(f) = \int_{-\infty}^{\infty} \delta(t)\mathrm{e}^{-\mathrm{j}2\pi ft}\,\mathrm{d}t = \mathrm{e}^0 = 1$$

其逆变换为

$$\delta(t) = \int_{-\infty}^{\infty} 1 \cdot \mathrm{e}^{\mathrm{j}2\pi ft}\,\mathrm{d}f$$

因此，时域的单位脉冲函数具有无限宽广的频谱，且在所有的频段上都是等强度的，如图 5.28 所示。这种信号是理想的白噪声。

直流信号的傅里叶变化就是单位脉冲函数 $\delta(f)$，这说明时域中的直流信号在频域中只含 $f=0$ 的直流分量，而不包含任何谐波成分，如图 5.29 所示。

表 5.3　δ 函数的性质

性　质	定　义	图　形　表　示
筛选特性	如果 δ 函数与某一连续信号 $x(t)$ 相乘，则其乘积仅在 $t=0$ 处有值 $x(0)\delta(0)$，其余各点（$t\neq0$）的乘积均为零，即 $$\int_{-\infty}^{\infty} x(t)\cdot\delta(t)\mathrm{d}t = \int_{-\infty}^{\infty} x(0)\cdot\delta(t)\mathrm{d}t = x(0)$$	
	对于时延 t_0 的 δ 函数 $\delta(t-t_0)$，只有在 $t=t_0$ 处其乘积不等于零，即 $$\int_{-\infty}^{\infty} x(t)\cdot\delta(t-t_0)\mathrm{d}t = x(t_0)$$	
卷积特性	$$x(t)*\delta(t) = \int_{-\infty}^{\infty} x(\tau)\delta(t-\tau)\mathrm{d}\tau = x(t)$$ $$x(t)\times\delta(t\pm t_0) = \int_{-\infty}^{\infty} x(\tau)\delta(t\pm t_0-\tau)\mathrm{d}\tau = x(t\pm t_0)$$	

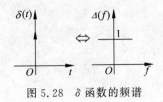

图 5.28　δ 函数的频谱

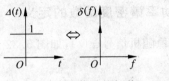

图 5.29　直流信号的频谱

3）正、余弦信号的频谱

由于正、余弦信号不满足在无限区间上绝对可积的条件，因此，在进行傅里叶变换时，必须引入 $\delta(t)$ 函数。则正、余弦信号的傅里叶变换为

$$x(t) = \sin 2\pi f_0 t \Leftrightarrow \frac{j}{2}[\delta(f + f_0) - \delta(f - f_0)]$$

$$y(t) = \cos 2\pi f_0 t \Leftrightarrow \frac{1}{2}[\delta(f + f_0) - \delta(f - f_0)]$$

其频谱如图 5.30 所示，因此，利用傅里叶级数的复指数展开的方法和利用傅里叶变换的方法获得的频谱是相同的。

4）复杂周期信号的频谱

一个周期为 T_0 的信号 $x(t)$ 利用傅里叶变换同样可以获得信号 $x(t)$ 的频谱，即

$$X(f) = \int_{-\infty}^{+\infty} x(t) e^{-j2\pi ft}\, dt = \int_{-\infty}^{+\infty}\left(\sum_{n=-\infty}^{+\infty} C_n e^{-jn2\pi f_0 t}\right) e^{-j2\pi ft}\, dt = \sum_{n=-\infty}^{+\infty} C_n \cdot \delta(f - nf_0)$$

上式表明，复杂周期信号的频谱是一个以 f_0（周期函数的基频）为间隔的脉冲序列，每个脉冲的强度由系数 C_n 确定。其频谱图如图 5.31 所示。

为了便于查阅，将常见信号的波形、时域表达、频谱函数及其频谱图列于附表 I-2 中。

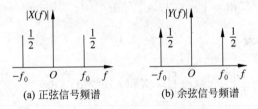

(a) 正弦信号频谱　　(b) 余弦信号频谱

图 5.30　正、余弦信号的频谱图

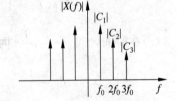

图 5.31　复杂周期信号的频谱图

5.3.3　随机信号的频域描述

对于随机信号，由于其样本波形具有随机性，而且是时域无限信号，不满足傅里叶变换条件。因此，从理论上讲，随机信号不能直接进行傅里叶变换，必须对随机信号做某些限制。最简单的方法是截断随机信号，进行傅里叶变换，这种方法称为随机信号的有限傅里叶变换。由于随机信号的平均功率是有限的，研究其功率谱密度函数是有意义的，它是研究平稳随机过程的重要方法。

1. 功率谱密度函数的定义

设平稳随机信号 $x(t)$，如图 5.32 所示。

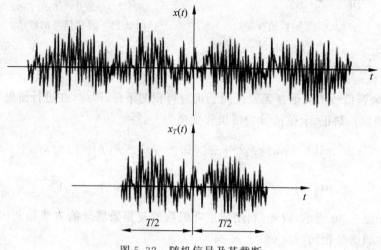

图 5.32   随机信号及其截断

现任意截取其中有限时间 T 的一段信号，称为 $x(t)$ 的截取信号，即

$$x_T(t) = \begin{cases} x(t) & |t| < \dfrac{T}{2} \\ 0 & \text{其余} \end{cases}$$

显然，$x(t)$ 的截取信号 $x_T(t)$ 满足绝对可积条件，$x_T(t)$ 的傅里叶变换存在，则有

$$X_T(f) = \int_{-\infty}^{\infty} x_T(t) e^{-j2\pi ft} dt = \int_{-\infty}^{\infty} x_T(t) e^{-j2\pi ft} dt$$

$x(t)$ 在时间区间 $\left[-\dfrac{T}{2}, \dfrac{T}{2}\right]$ 内的平均功率为

$$\frac{1}{T}\int_{-\frac{T}{2}}^{\frac{T}{2}} x^2(t) dt = \frac{1}{T}\int_{-\frac{T}{2}}^{\frac{T}{2}} x_T^2(t) dt = \frac{1}{T}\int_{-\frac{T}{2}}^{\frac{T}{2}} x_T(t) \left[\int_{-\infty}^{+\infty} X_T(f) e^{j2\pi ft} df\right] dt$$

$$= \frac{1}{T}\int_{-\infty}^{+\infty} X_T(f) \left[\int_{-\frac{T}{2}}^{\frac{T}{2}} x_T(t) e^{j2\pi ft} dt\right] df$$

$$= \frac{1}{T}\int_{-\infty}^{+\infty} X_T(f) X_T(-f) df$$

由于 $x(t)$ 是实函数，则 $X_T(-f) = \overline{X_T(f)}$，因此

$$\frac{1}{T}\int_{-\frac{T}{2}}^{\frac{T}{2}} x^2(t) dt = \frac{1}{T}\int_{-\infty}^{+\infty} |X_T(f)|^2 df$$

令 $T \to \infty$，上式两边取极限，其 $x(t)$ 的平均功率为

$$P_x = \lim_{T \to \infty} \frac{1}{T}\int_{-\infty}^{+\infty} x^2(t) dt = \lim_{T \to \infty} \frac{1}{T}\int_{-\infty}^{+\infty} |X_T(f)|^2 df$$

令 $S_x(f) = \lim_{T \to \infty} \dfrac{1}{T}|X_T(f)|^2$，则

$$P_x = \int_{-\infty}^{+\infty} S_x(f) \mathrm{d}f$$

由上述推导可知，$x^2(t)$ 可以看作信号的能量，$x^2(t)/T$ 表示信号 $x(t)$ 的功率，$\lim\limits_{T \to \infty} \dfrac{1}{T} \int_{-\infty}^{+\infty} x^2(t) \mathrm{d}t$ 则为信号 $x(t)$ 的总功率。由于 $S_x(f)$ 曲线下的总面积与 $x^2(t)/T$ 曲线下的总面积相等，故 $S_x(f)$ 曲线下的总面积就是信号的总功率。因此，利用这一关系，通常对时域信号直接作傅里叶变换来计算其功率谱。

由于 $S_x(f)$ 是定义在 $(-\infty, \infty)$ 范围内的自功率谱，一般称为双边自谱，如图 5.33 所示。在实际中，使用定义在非负频率上的谱更方便，这种谱称为单边谱，即

$$G_x(f) = \begin{cases} 2S_x(f) & f \geqslant 0 \\ 0 & f < 0 \end{cases}$$

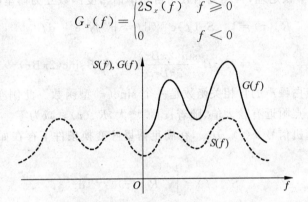

图 5.33 单边自谱和双边自谱

2. 功率谱密度函数与相关函数的关系

功率谱密度函数分自功率谱密度函数和互功率谱密度函数两种形式。设平稳随机信号 $x(t)$，若其均值为零且不含周期成分，其自相关函数 $R_x(\tau \to \infty) = 0$，满足傅里叶变换条件

$$\int_{-\infty}^{\infty} |R_x(\tau)| \mathrm{d}\tau < \infty$$

定义 $S_x(f)$ 为随机信号 $x(t)$ 的自功率谱密度函数，简称自谱或自功率谱，即

$$S_x(f) = \int_{-\infty}^{\infty} R_x(\tau) \mathrm{e}^{-\mathrm{j}2\pi f\tau} \mathrm{d}\tau$$

于是

$$R_x(\tau) = \int_{-\infty}^{\infty} S_x(f) \mathrm{e}^{\mathrm{j}2\pi f\tau} \mathrm{d}f$$

$S_x(f)$ 与 $R_x(\tau)$ 构成傅里叶变换对，称为维纳-辛钦定理（其相关推导参阅相关书籍）。该定理揭示了平稳随机信号时域统计特征与其频域统计特征之间的内在联系，即 $S_x(f)$ 包含了 $R_x(\tau)$ 全部信息，如图 5.34 所示。

【例 5.11】 已知有一限带宽白噪声信号的自功率谱密度函数为

$$S_x(f) = \begin{cases} N_0 & -B \leqslant f \leqslant B \\ 0 & \text{其他} \end{cases}$$

试求其自相关函数。

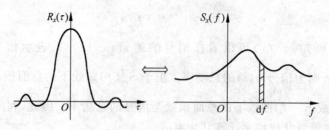

图 5.34　自功率谱的图形解释

解：根据维纳-辛钦定理，自相关函数与自功率谱密度函数互为傅里叶变换，故有

$$R_x(\tau) = \int_{-\infty}^{+\infty} S_x(f)\mathrm{e}^{\mathrm{j}2\pi f\tau}\,\mathrm{d}f = \int_{-B}^{B} N_0 \mathrm{e}^{\mathrm{j}2\pi f\tau}\,\mathrm{d}f$$

$$= 2N_0 B \frac{\sin(2\pi B\tau)}{2\pi B\tau} = 2N_0 B \mathrm{sinc}(2\pi B\tau)$$

由此可知，限带白噪声的自相关函数是一个 $\mathrm{sinc}(\tau)$ 型函数。此例亦说明，随机信号的自相关函数在 $\tau = 0$ 点附近有较大值，随着 $|\tau|$ 值增大，$R_x(\tau)$ 衰减为零。

同理，设平稳随机信号 $x(t)$、$y(t)$，在满足傅里叶变换条件下存在如下关于 $R_{xy}(\tau)$ 的傅里叶变换对：

$$S_{xy}(f) = \int_{-\infty}^{\infty} R_{xy}(\tau)\mathrm{e}^{-\mathrm{j}2\pi f\tau}\,\mathrm{d}\tau$$

$$R_{xy}(\tau) = \int_{-\infty}^{\infty} S_{xy}(\mathrm{j}f)\mathrm{e}^{\mathrm{j}2\pi f\tau}\,\mathrm{d}f$$

定义 $S_{xy}(f)$ 为随机信号 $x(t)$、$y(t)$ 的互谱密度函数，简称互谱或互功率谱。$S_{xy}(f)$ 保留了 $R_{xy}(\tau)$ 的全部信息。

需要指出的是，对于动态测试信号，通常混杂有确定性信号和随机信号，不能由确定性函数计算它们的谱函数，而且试验只能在有限时间 $[T_1, T_2]$ 内进行，因而不能按照频谱定义，从无限区间求得真实的频谱。通常由有限长的离散时间采样序列求得的频谱，它只是信号真实频谱的一种估计值，故称为谱估计。有关功率谱估计的详细内容，请参考相关书籍。

3. 功率谱的应用

图 5.35 是由汽车变速箱上测取的振动加速度信号经功率谱分析处理后所得的功率谱图。

一般来说，正常运行的机器其功率谱是稳定的，而且各谱线对应零件不同运转状态的振源。在机器运行不正常时，例如，转系的动不平衡、轴承的局部损伤、齿轮的不正常等，都会引起谱线的变动。图(b)中，在 9.2Hz 和 18.4Hz 两处出现额外峰谱，这显示了机器的某些不正常，而且指示了异常功率消耗所在的频率。这就为寻找与此频率相对应的故障部位提供了依据。

图 5.36 是柴油机振动旋转信号的三维谱图。从图中可以看出，在转速为 1480r/min 的 3 次频率上、1900r/min 的 6 次频率上的谱峰较高。这说明在这两个转速上，产生两种阶次的共振。这样就可判定危险的旋转速度，并可找寻引起这种共振的结构根源，为改进柴油机的设计提供依据。

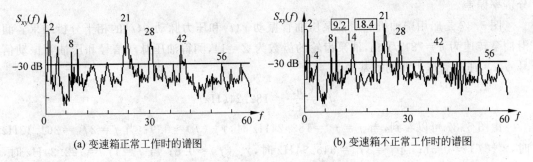

(a) 变速箱正常工作时的谱图　　　　　(b) 变速箱不正常工作时的谱图

图 5.35　汽车变速箱的振动功率谱图

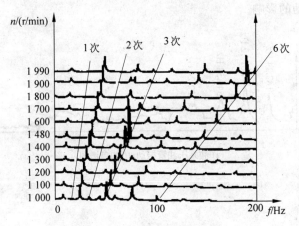

图 5.36　柴油机振动功率谱图

另外,利用功率谱的数学特点,可以较精确地求出系统的频响函数。实际系统由于不可避免地引入干扰噪声,从而引起测量误差。为了消除由于这些因素带来的误差,可以先在时域进行相关,再在频域进行运算。理论上,信号中的随机噪声在时域作相关时,如 τ 取得足够长,可使其相关函数值为零。而随机噪声与有用信号相互没有任何关系,二者之间互相关函数也为零。所以,经过相关处理可剔除噪声成分,留下有用信号的相关函数,从而得到有用信号的功率谱。由功率谱可求得频响函数,这样所求得的频响函数是较精确的。

4. 相干函数

相干函数是用来评价测试系统的输入信号与输出信号之间的因果关系的函数。即通过相干函数判断系统中输出信号的功率谱中有多少是所测输入信号所引起的响应。其定义为

$$\gamma_{xy}^2(f) = \frac{|S_{xy}(f)|^2}{S_x(f)S_y(f)} \quad 0 \leqslant \gamma_{xy}^2(f) \leqslant 1$$

(1) 当 $\gamma_{xy}^2(f)=0$,表示输出信号与输入信号不相干。

(2) 当 $\gamma_{xy}^2(f)=1$,表示输出信号与输入信号完全相干。

(3) 而 $\gamma_{xy}^2(f)$ 在 0～1 之间时,则可能有以下几种原因产生:①测试系统有外界噪声干扰;②输出 $y(t)$ 是输入 $x(t)$ 和其他输入的综合输出;③系统是非线性的;④谱估计中存在

分辨率偏差。

图 5.37 是船用柴油机润滑油泵压油管振动 $x(t)$ 和压力脉动 $y(t)$ 的相干分析结果。润滑油泵转速为 $n=781\text{r/min}$,油泵齿轮的齿数为 $Z=14$,测得油压脉动信号和压油管振动信号 $y(t)$,压油管压力脉动的基频为

$$f_0 = \frac{nZ}{60} = 182.24(\text{Hz})$$

由图 5.37 可以看到,当 $f=f_0=182.24\text{Hz}$ 时,$\gamma_{xy}^2(f)\approx0.9$；当 $f=2f_0=361.12\text{Hz}$ 时,$\gamma_{xy}^2(f)\approx0.37$；当 $f=3f_0=546.54\text{Hz}$ 时,$\gamma_{xy}^2(f)\approx0.8$；当 $f=4f_0=722.24\text{Hz}$ 时,$\gamma_{xy}^2(f)\approx0.75$……齿轮引起的各次谐频对应的相干函数值都很大,而其他频率对应的相干函数值都很小,由此可见,油管的振动主要是由油压脉动引起的。从 $x(t)$ 和 $y(t)$ 的自谱图也明显可见油压脉动的影响。

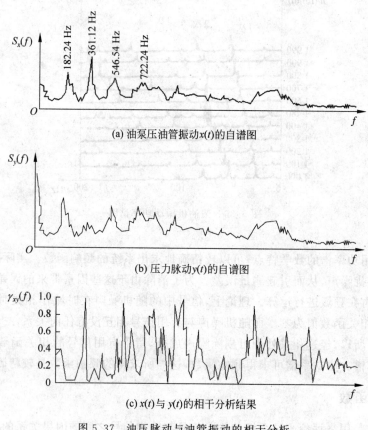

图 5.37　油压脉动与油管振动的相干分析

5.4　数字信号处理基础

在数字信号处理中,一般通过模拟-数字转换器实现模拟信号的采样,将模拟信号转换为离散信号,并进一步量化编码形成计算机、DSP 处理器等数字处理系统能接受的数字信

号。与模拟信号分析方法相比,其具有精度高、工作稳定、速度快和动态范围宽等特点。但是,由于通用计算机或专用仪器的容量和计算速度是有限的,因而处理的数据长度也是有限的,为此,信号必须经过截断,以致在时间序列的数字处理中必然会引起一些误差。因此,必须恰当地运用数字分析方法,比较准确地提取原序列中的有用信息。

5.4.1　离散傅里叶变换

1. 离散傅立叶变换

离散傅里叶变换(discrete Fourier transform,DFT)是有限长序列傅里叶表示式,它本身是一个序列,而不是一个连续函数,它相当于把信号的傅里叶变换进行等频率间隔取样,因而其在实现各种数字信号处理算法时起着核心作用。但是,直至 20 世纪 60 年代,由于数字计算机的处理速度较低以及离散傅里叶变换的计算量较大,离散傅里叶变换长期得不到真正的应用,频谱分析仍大多采用模拟信号滤波的方法解决。直到快速离散傅里叶变换算法(fast Fourier transform,FFT)的提出,才得以显现出离散傅里叶变换的强大功能。

设 N 点有限长序列 $x(n)(0 \leqslant n \leqslant N-1)$,其 DFT 变换对为

$$\begin{cases} X(k) = \mathrm{DFT}[x(n)] = \sum_{n=0}^{N-1} x(n) \mathrm{e}^{-\mathrm{j}2\pi \frac{kn}{N}} & 0 \leqslant k \leqslant N-1 \\ x(n) = \mathrm{IDFT}[X(k)] = \frac{1}{N} \sum_{k=0}^{N-1} X(k) \mathrm{e}^{\mathrm{j}2\pi \frac{kn}{N}} & 0 \leqslant n \leqslant N-1 \end{cases} \tag{5-8}$$

由式(5-8)可知:N 点的有限长序列,其频谱也仅有 N 个采样点。N 点的有限长离散信号 $x(n)$ 可以由 N 个复振幅为 $\frac{1}{N}X(k)$ 的离散谐波叠加,然后取 N 个值构成。但要记住的是:在涉及 DFT 关系的场合,有限长序列总是表示成周期序列的一个周期,即有限长序列的 DFT 变换对具有隐含的周期性。

图 5.38 表示的 DFT 的导出过程,可以进一步理解 DFT 的周期延拓特性。

(1) 时域抽样:解决信号的离散化问题。连续信号离散化使得信号的频谱被周期延拓。

(2) 时域截断:通过窗函数(一般用矩形窗)对信号进行逐段截取,从而处理了工程上无法处理的时间无限信号。

(3) 时域周期延拓:要使频率离散,就要使时域变成周期信号。周期延拓中的搬移通过与 $\delta(t-nT_s)$ 的卷积来实现。延拓后的波形在数学上可表示为原始波形与冲激串序列的卷积。周期延拓后的周期函数具有离散谱。

经抽样、截断和延拓后,信号时域和频域都是离散、周期的。由此,DFT 是把有限长序列作为周期序列的一个周期,对有限长序列的傅里叶分析,DFT 的特点是无论在时域还是频域都是有限长序列。

【例 5.12】　已知时间序列 $x(n)=\{1,0,0,1\}$,求其频谱序列 $X(k)$。

解:由 DFT 公式 $X(k)=\sum_{n=0}^{N-1} x(n) \mathrm{e}^{-\mathrm{j}\frac{2\pi}{N}kn}$ 知,

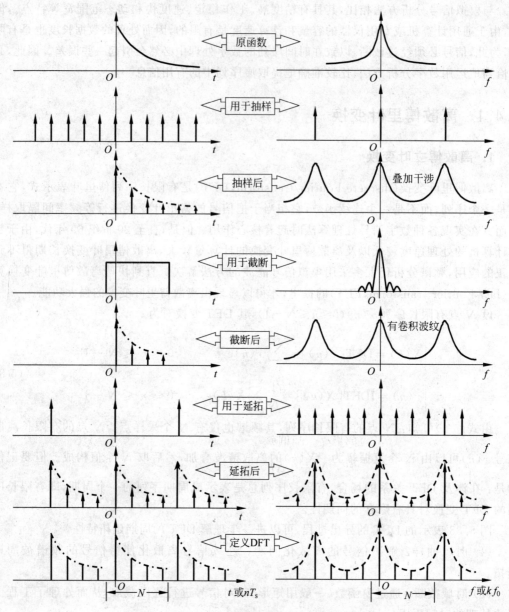

图 5.38   DFT 推导过程示意图

$$X(k) = \sum_{n=0}^{3} x(n) e^{-j\frac{2\pi}{N}kn} \quad k = 0,1,2,3$$

所以

$$X(0) = \sum_{n=0}^{3} x(n) e^{-j\frac{2\pi}{4}k \cdot 0} = \sum_{n=0}^{3} x(n) = 1 + 0 + 0 + 1 = 2$$

$$X(1) = \sum_{n=0}^{3} x(n) e^{-j\frac{2\pi}{4}k \cdot 1} = \sum_{n=0}^{3} x(n)(-j)^n = 1 + 0 + 0 + j = 1 + j$$

$$X(2)=\sum_{n=0}^{3}x(n)\mathrm{e}^{-\mathrm{j}\frac{2\pi}{4}k\cdot2}=\sum_{n=0}^{3}x(n)\mathrm{e}^{-\mathrm{j}n\pi}=\sum_{n=0}^{3}x(n)(-1)^{n}=1+0+0+(-1)=0$$

$$X(3)=\sum_{n=0}^{3}x(n)\mathrm{e}^{-\mathrm{j}\frac{2\pi}{4}k\cdot3}=\sum_{n=0}^{3}x(n)(\mathrm{j})^{n}=1+0+0-\mathrm{j}=1-\mathrm{j}$$

$$X(k)=\{2,1+\mathrm{j},0,1-\mathrm{j}\}$$

其振幅谱序列为 $|X(k)|=\{2,\sqrt{2},0,\sqrt{2}\}$，其相位谱序列为 $\phi(k)=\left\{0,\dfrac{\pi}{4},\text{不定},-\dfrac{\pi}{4}\right\}$，

其图形如图 5.39 所示。

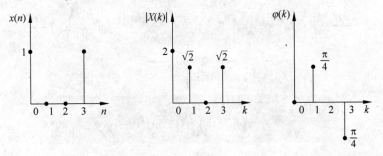

图 5.39　有限长序列及其频谱

2. 离散傅立叶变换过程中出现的问题

1) 栅栏效应

频率分辨率 Δf 是指离散谱线之间的频率间隔，即是频域采样的采样间隔，其可表示为

$$\Delta f=\frac{1}{NT_{\mathrm{s}}}$$

频谱离散化后，谱线只限制在基频 f_0（频域抽样间隔）的整数倍处，而相邻谱线之间的频谱是不知道的，这就不能反映原信号的全部频谱特性，就好像通过一个"栅栏"看景象一样，这种现象称为栅栏效应。

减小栅栏效应的方法就是提高频率分辨率，使谱线变密。但是这和扩宽频率上限 $f_{\max}$ 是矛盾的。

设采样频率为 f_{s}，频率上限 $f_{\max}$ 理论上可定义为

$$f_{\max}=\frac{1}{2}f_{\mathrm{s}}$$

Δf 与 $f_{\max}$ 的关系为

$$f_{\max}=\frac{N}{2}\Delta f$$

上式清楚表明：当 N 值一定时，$f_{\max}$ 大，谱线之间的频率间隔加大，Δf 必然下降。

例如，当 $N=2048$ 时，选取 $f_{\mathrm{s}}=8000\mathrm{Hz}$，样本长度 $T=0.256\mathrm{s}$，则

$$f_{\max}=\frac{8000}{2}=4000(\mathrm{Hz})\quad\Delta f=\frac{1}{0.256}\approx4(\mathrm{Hz})$$

显然，4Hz 显得很粗糙了。

2）信号的截断与泄漏

若连续时间信号持续时间很长或无限长，用 DFT 分析其频谱时必须将时域抽样序列 $x_0(n)$ 截取有限长。信号的截断是指将无限长的信号通过截断函数变为有限长信号，即将无限长的信号乘以有限宽的截断函数。截断函数亦称为窗函数，简称为窗。"窗"的意思是指透过窗口能够"看到"原始信号的一部分，而原始信号在时窗以外的部分均视为零。也就是说，当运用计算机实现工程测试信号处理时，从信号中截取一个时间片段，然后用观察的信号时间片段进行周期延拓处理，得到虚拟的无限长的信号，如图 5.40 所示。

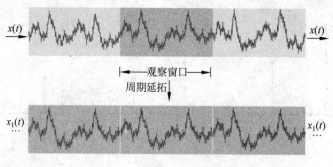

图 5.40　信号的周期延拓

周期延拓后的信号与真实信号是不同的，下面从数学的角度来看这种处理所产生的误差情况。

【例 5.13】　求被截取后的余弦信号，该信号时域的表达式为

$$x(t) = \begin{cases} \cos\omega_0 t & |t| < T_0 \\ 0 & |t| > T_0 \end{cases}$$

画出该截取信号的幅频图，试分析当 T_0 增大或减小时，幅频图有何变化。

解： 令矩形窗的时域表达式为

$$w_R(t) = \begin{cases} 1 & |t| \leqslant T_0 \\ 0 & |t| > T_0 \end{cases}$$

余弦信号的时域表达式为

$$x_1(t) = \cos\omega_0 t$$

则

$$x(t) = w_R(t) \cdot x_1(t)$$

由傅里叶变换的卷积性质、δ 函数与其他函数的卷积特性可得

$$w_R(t) \cdot x_1(t) \Leftrightarrow W_R(f) * X_1(f)$$

所以

$$X(f) = W_R(f) * X_1(f)$$

$$= 2T_0 \mathrm{sinc}(2\pi f T_0) * \frac{1}{2}[\delta(f - f_0) + \delta(f + f_0)]$$

$$= T_0 \mathrm{sinc} 2\pi(f - f_0) + \mathrm{sinc} 2\pi(f + f_0)$$

$w_R(t)$、$x_1(t)$ 和 $x(t)$ 的频谱示意图如图 5.41 所示。

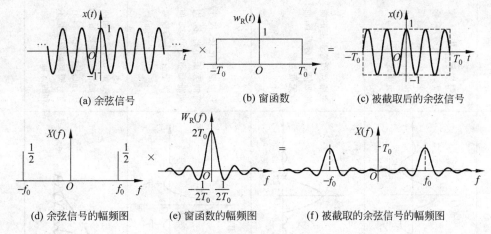

(a) 余弦信号　　　　　　　(b) 窗函数　　　　　　(c) 被截取后的余弦信号

(d) 余弦信号的幅频图　　(e) 窗函数的幅频图　　(f) 被截取的余弦信号的幅频图

图 5.41　余弦函数被窗函数截取的信号及其频谱

由上例可知,将截断信号的谱与原始信号的频谱相比较可知,它已不是原来的两条谱线,而是两段振荡的连续谱。这表明原来的信号被截断以后,其频谱发生了畸变,原来集中在 f_0 处的能量被分散到两个较宽的频带中,这种现象称为频谱能量泄漏。

信号截断以后产生的能量泄漏现象是必然的,因为窗函数 $w_R(t)$ 是一个频带无限的函数,所以即使原信号 $x(t)$ 是限带信号(频带宽度为有限值),而在截断以后也必然成为无限带宽的函数,即信号在频域的能量与分布被扩展了。能量泄漏现象也将导致谱分析时出现两个主要问题:

(1) 降低谱分析的频率分辨率。由于窗函数频谱的主瓣有一定宽度,当被分析信号的两个频率分量靠的很近,频率差小于主瓣带宽时,从截断信号的频谱中就难以将它们区分开来。

(2) 加大混频误差。由于窗函数频谱的两侧具有旁瓣,就等于在频谱中引入虚假的频率分量,混频必然发生。

因此,窗函数频谱直接影响泄漏的大小。如果两侧瓣的高度趋于零,而使能量相对集中在主瓣,就可以较为接近于真实的频谱。为了减少频谱能量泄漏,可选择不同的截取函数对信号进行截断。

3. 窗函数

一个理想的窗函数,其频谱应具有如下特点:

(1) 主瓣宽度要小,即带宽要窄。

(2) 旁瓣高度与主瓣高度相比要小,且衰减要快。

实际应用的窗函数,可分为以下几种类型:

(1) 幂窗:采用时间变量的某种幂次的函数,如矩形、三角形、梯形或其他时间 t 的高次幂。

(2) 三角函数窗:应用三角函数,即正弦或余弦函数等组合成复合函数,例如汉宁窗、海明窗等。

(3) 指数窗:采用指数时间函数,如 e^{-st} 形式,例如高斯窗等。

几种常用窗函数的性质和特点如表 5.4 所示。

表5.4　常见窗函数

名称	时域表达式	频域表达式	时域及频域波形	特点
矩形窗	$w_R(t) = \begin{cases} 1 & |t| \le T \\ 0 & |t| > T \end{cases}$	$W_R(f) = 2T\dfrac{\sin(2\pi f T)}{2\pi f T}$		主瓣比较集中，旁瓣较高，并有负旁瓣，导致变换中带进了高频干扰和泄漏，甚至出现负谱泄漏现象
三角窗（费杰窗）	$w(t) = \begin{cases} 1 - \dfrac{1}{T}|t| & |t| < T \\ 0 & |t| \ge T \end{cases}$	$W(f) = T\left(\dfrac{\sin \pi f t}{\pi f t}\right)^2$		主瓣宽约等于矩形窗的2倍，但旁瓣小，而且无负旁瓣
汉宁窗	$w(t) = \begin{cases} \dfrac{1}{T}\left(\dfrac{1}{2} + \dfrac{1}{2}\cos\dfrac{\pi t}{T}\right) & |t| < T \\ 0 & |t| \ge T \end{cases}$	$W(f) = \dfrac{\sin 2\pi f T}{2\pi f T} +$ $\dfrac{1}{2}\left[\dfrac{\sin(2\pi f T + \pi)}{2\pi f T + \pi} + \dfrac{\sin(2\pi f T - \pi)}{2\pi f T - \pi}\right]$		和矩形窗比较，汉宁窗的旁瓣小得多，因而泄漏也少得多，但是汉宁窗的主瓣较宽
海明窗	$w(t) = \begin{cases} 0.54 + 0.46\cos\left(\dfrac{2\pi t}{T}\right) & |t| \le T \\ 0 & |t| > T \end{cases}$	$W(f) = 0.54\dfrac{\sin 2\pi f T}{2\pi f T} +$ $0.23\left[\dfrac{\sin(f + 1/T)}{f + 1/T} + \dfrac{\sin(f - 1/T)}{f - 1/T}\right]$		海明窗比汉宁窗消除旁瓣的效果要好一些，而且主瓣稍宽，是旁瓣衰减较慢是不利的方面

对于窗函数的选择,应考虑被分析信号的性质与处理要求。如果仅要求精确读出主要频率成分,而不考虑幅值精度或不考察频谱的细微结构,则可选用主瓣宽度比较窄而便于分辨的矩形窗,例如测量物体的自振频率等;如果要分析信号中那些幅值很小的频率成分(即次要的频率成分),则不能用矩形窗,应该用泄漏最小的高斯窗,因为那些幅度较小的谱密度将被矩形窗本身引起的皱波所淹没;如果分析窄带信号,且有较强的干扰噪声,则应选用旁瓣幅度小的窗函数,如汉宁窗、三角窗等;对于随时间按指数衰减的函数,可采用指数窗提高信噪比。

需要指出的是,除了矩形窗外,其他窗在对时域函数截断的同时,还对时域函数的幅值有影响,导致频域函数幅值下降,因而要乘以一个修正系数进行修正,这点在计算时要特别注意。

5.4.2　快速傅里叶变换

FFT 是离散傅立叶变换的快速算法。它对傅立叶变换的理论并没有新的发现,但是对于在计算机系统或者说数字系统中应用离散傅立叶变换,可以说是进了一大步。FFT 的出现,使 DFT 的运算大大简化,运算时间缩短一到二个数量级,使 DFT 的运算在各种数字信号处理系统中得到广泛应用。近年来,计算机的处理速率有了惊人的发展,同时在数字信号处理领域出现了许多新的方法,但在许多应用中始终无法替代 FFT。

1. FFT 的基本思想

FFT 的基本思想是将 DFT 长序列分解为短序列的组合,用短序列的 DFT 计算代替长序列 DFT,从而可以减少运算量。

令式(5.8)中 $W_N = e^{-\frac{j2\pi}{N}}$,称为旋转因子,其主要性质如下:

(1) 周期性: $W_N^{kn} = W_N^{k(n+N)} = W_N^{(k+N)n}$

(2) 对称性: $(W_N^{kn})^* = W_N^{-kn} = W_N^{n(N-k)} = W_N^{k(N-n)}$

(3) 可约性: $W_N^{kn} = W_{\frac{N}{m}}^{\frac{kn}{m}} = W_{mN}^{mkn}$

由此可得: $W_N^0 = 1, W_N^{\frac{N}{2}} = -1, W_N^{\frac{N}{4}} = -j, W_N^{\frac{3N}{4}} = j, W_N^{kN} = 1, W_N^{\frac{N}{2}+k} = -W_N^k$

利用旋转因子 W_N^{kn} 的性质,一方面可以将某些项合并,另一方面可以不断地将 DFT 长序列分解为短序列。直接计算 DFT 和采用基-2FFT 计算 DFT 的运算量比较见表 5.5。

表 5.5　直接计算 DFT 和采用基-2FFT 计算 DFT 的运算量

N	2	4	8	16	32	64	128	256	512	1024	2048
N^2	4	16	64	256	1024	4096	16 384	65 536	262 114	1 048 576	4 194 304
$\frac{N}{2}\log_2 N$	1	4	12	32	80	192	448	1024	2304	5120	11 264

从上面的分析看到,在 DFT 计算中,不论是乘法和加法,运算量均与 N^2 成正比,因此,N 较大时,运算工作是十分可观的,例如,计算 $N=10$ 点的 DFT,需要 100 次复数相乘,而

$N=1024$ 点时,需要 1 048 576(一百多万)次复数乘法,如果信号要求实时处理,则要求有很快的计算速度才能完成上述计算量。因此有必要在计算方法上改进 DFT 算法。

因此,FFT 算法就是在这一基本思路基础上发展起来的,它有多种形式,但基本上可分为两类,即按时间抽取(decimation-in-time,DIT)法和按频率抽取(decimation-in-frequency,DIF)法两大类。其中,基-2FFT 是最基本的 FFT 算法,它要求 FFT 的点数 $N=2^L$(L 为正整数),如果序列长度不满足这一条件,需要用后补零值点的方法来补齐。

2. 按时间抽取的基-2FFT 算法

按时间抽取的基-2FFT 就是在时域将序列逐次分解为长度减半的奇序号子序列和偶序号子序列,用子序列的 DFT 实现整个序列 DFT 的算法。其基本原理如下。

设 N 点有限长序列 $x(n)(0 \leqslant n \leqslant N-1)$,$N=2^L$($L$ 为正整数)。

首先按奇、偶序号将 $x(n)$ 分解为两个长度为 $N/2$ 的子序列:

$$\begin{cases} x_1(r)=x(2r) \\ x_2(r)=x(2r+1) \end{cases} \quad r=0,1,\cdots,\frac{N}{2}-1$$

则 $x(n)$ 的 DFT 转化为

$$X(k)=\mathrm{DFT}[x(n)]=\sum_{n=0}^{N-1}x(n)W_N^{kn}=\sum_{r=0}^{\frac{N}{2}-1}x(2r)W_N^{2kr}+\sum_{r=0}^{\frac{N}{2}-1}x(2r+1)W_N^{k(2r+1)}$$

$$=\sum_{r=0}^{\frac{N}{2}-1}x_1(r)W_N^{2kr}+W_N^k\sum_{r=0}^{\frac{N}{2}-1}x_2(r)W_N^{2kr}$$

$$=\sum_{r=0}^{\frac{N}{2}-1}x_1(r)W_{N/2}^{kr}+W_N^k\sum_{r=0}^{\frac{N}{2}-1}x_2(r)W_{N/2}^{kr}$$

$$=X_1(k)+W_N^kX_2(k) \quad k=0,1,\cdots,\frac{N}{2}-1$$

其中,$X_1(k)$ 和 $X_2(k)$ 分别为子序列 $x_1(r)$ 和 $x_2(r)$ 的 $\dfrac{N}{2}$ 点 DFT。

由于 $X(k)$ 是 N 点 DFT,因此上式表示 $X(k)$ 的前一半值。由 DFT 的隐含周期性可知,$X_1\left(k+\dfrac{N}{2}\right)=X_1(k)$,$X_2\left(k+\dfrac{N}{2}\right)=X_2(k)$,因此 $X(k)$ 的后一半值可以表示为

$$X\left(k+\frac{N}{2}\right)=X_1\left(k+\frac{N}{2}\right)+W_N^{k+\frac{N}{2}}X_2\left(k+\frac{N}{2}\right)$$

$$=X_1(k)-W_N^kX_2(k) \quad k=0,1,\cdots,\frac{N}{2}-1$$

这样就将 N 点 DFT 分解为两个 $N/2$ 点的 DFT,只要求出 $[0,N/2-1]$ 区间的 $X_1(k)$ 和 $X_2(k)$,就可以求出 $[0,N-1]$ 区间的全部 $X(k)$ 的值,即

$$\begin{cases} X(k)=X_1(k)+W_N^kX_2(k) \\ X\left(k+\dfrac{N}{2}\right)=X_1(k)-W_N^kX_2(k) \end{cases} \quad k=0,1,\cdots,\frac{N}{2}-1$$

上式的运算可以用蝶形运算信号流图符号表示,如图 5.42 所示。因此,要完成一个蝶形运算,需要一次复数乘法和两次复数加法。

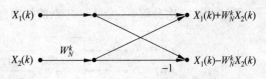

图 5.42　按时间抽取的蝶形运算信号流图符号

经过第一次分解,一个 N 点 DFT 分解为两个 $N/2$ 点 DFT,由于直接计算一个 $N/2$ 点 DFT 需要 $\left(\dfrac{N}{2}\right)^2 = \dfrac{N^2}{4}$ 次复数乘法和 $\dfrac{N}{2}\left(\dfrac{N}{2}-1\right)$ 次复数加法,将两个 $N/2$ 点 DFT 合成 N 点 DFT 时,有 $N/2$ 个蝶形运算,又需要 $N/2$ 次复数乘法和 N 次复数加法,所以共需要 $\dfrac{N^2}{2}+\dfrac{N}{2}\approx\dfrac{N^2}{2}(N\gg1)$ 次复数乘法和 $N\left(\dfrac{N}{2}-1\right)+N=\dfrac{N^2}{2}$ 次复数加法。由此可见,经过第一次分解,DFT 的运算量基本减少一半。

由于 $N=2^L$,所以 $N/2$ 仍是偶数,可以按照上述方法进一步分解,将每个 $N/2$ 点子序列分解为两个 $N/4$ 点子序列。其中,$x_1(r)$ 可以分解为

$$\begin{cases} x_3(l)=x(2l) \\ x_4(l)=x(2l+1) \end{cases} \qquad l=0,1,\cdots,\dfrac{N}{4}-1$$

则有

$$\begin{cases} X_1(k)=X_3(k)+W_{\frac{N}{2}}^k X_4(k)=X_3(k)+W_N^{2k}X_4(k) \\ X_1\left(k+\dfrac{N}{4}\right)=X_3(k)-W_{\frac{N}{2}}^k X_4(k)=X_3(k)-W_N^{2k}X_4(k) \end{cases} \qquad k=0,1,\cdots,\dfrac{N}{4}-1$$

其中,$X_3(k)$ 和 $X_4(k)$ 分别为 $x_3(l)$ 和 $x_4(l)$ 的 $\dfrac{N}{4}$ 点的 DFT。

同理,$x_2(r)$ 可以分解为 2 个 $N/4$ 点子序列 $x_5(l)$ 和 $x_6(l)$,得到

$$\begin{cases} X_2(k)=X_5(k)+W_{\frac{N}{2}}^k X_6(k)=X_5(k)+W_N^{2k}X_6(k) \\ X_2\left(k+\dfrac{N}{4}\right)=X_5(k)-W_{\frac{N}{2}}^k X_6(k)=X_5(k)-W_N^{2k}X_6(k) \end{cases} \qquad k=0,1,\cdots,\dfrac{N}{4}-1$$

经过第二次分解,一个 N 点 DFT 分解为 4 个 $N/4$ 点 DFT,运算量进一步减半。

以此类推,可以按上述方法继续分解下去,直到剩下 2 点 DFT 为止。当 $N=8=2^3$ 时,其分解过程如图 5.43(a)、(b)所示。对于剩下的 2 点 DFT 有

$$X_3(k)=\sum_{l=0}^{1}x_3(l)W_2^{lk}=x_3(0)W_2^0+x_3(1)W_2^k=x_3(0)+x_3(1)W_2^k \qquad k=0,1$$

即

$$\begin{cases} X_3(0)=x_3(0)+x_3(1)W_2^0=x_3(0)+x_3(1)=x_3(0)+W_N^0 x_3(1) \\ X_3(1)=x_3(1)+x_3(1)W_2^1=x_3(0)-x_3(1)=x_3(0)-W_N^0 x_3(1) \end{cases}$$

上式表明,2 点 DFT 也可以表示为一个蝶形运算。由于 1 点序列的 1 点 DFT 就是其本身,故 2 点 DFT 可以视为 2 个 1 点 DFT 的组合。由此,N 点 DFT 的最后一次分解是将 $N/2$ 个 2 点 DFT 分解为 N 个 1 点 DFT,与前面的分解过程不同的是,这次分解并不改变时域序列值的排列顺序,如图 5.43(c)所示。

经过上述 3 次分解，一个 $N=8$ 点的按时间抽取基-2FFT 运算流图如图 5.43 所示。

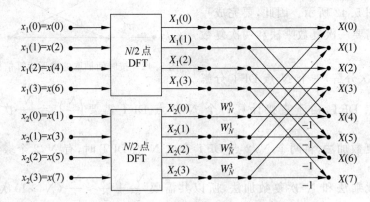

(a) 第一次分解：8 点 DFT 分解为 2 个 4 点 DFT

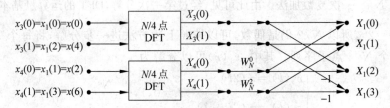

(b) 第二次分解：4 点 DFT 分解为 2 个 2 点 DFT

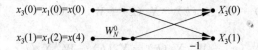

(c) 第三次分解：2 点 DFT 分解为 2 个 1 点 DFT

图 5.43　按时间抽取的基-2FFT 运算流图($N=8$)

分析上面的流图可知，$N=2^L$，一共要进行 L 次分解，构成了从 $x(n)$ 到 $x(k)$ 的 L 级运算过程。由于每一级运算是由 $N/2$ 个蝶形运算构成，因此每一级运算都需要 $N/2$ 次复乘和 N 次复加，FFT 产生的两个特点将会对 FFT 的软硬件构成产生很大的影响。

（1）原位运算。原位运算也称为同址运算。当数据输入到存储器后，每一级运算的结果会存储在原来的存储器中，直到最后输出为止，中间无需其他的存储器。原位运算的结构可以节省存储单元，降低设备成本。

（2）变址。分析运算流图中的输入输出序列的顺序，输出按自然顺序，输入是"码位倒置"的顺序，如表 5.6 所示。

表 5.6　码位倒置顺序表

自 然 顺 序	二进制表示	码 位 倒 置	码 位 倒 置 顺 序
0	000	000	0
1	001	100	4
2	010	010	2
3	011	110	6
4	100	001	1

续表

自 然 顺 序	二进制表示	码 位 倒 置	码位倒置顺序
5	101	101	5
6	110	011	3
7	111	111	7

在实际运算中,直接将输入数据按码位倒置的顺序排好输入很不方便,一般先按自然顺序输入到存储单元,然后通过变址运算将自然顺序的存储换成码位倒置顺序的存储,这样就可以进行 FFT 的原位运算了。变址处理如图 5.44 所示。用软件实现码位倒置,采用雷德(Rader)算法,算出 I 的倒序 J 以后立即将输入数据 $x(I)$ 和 $x(J)$ 对换。虽然变址运算所占运算量的比例很小,但是在某些高要求的应用中,尤其在实时信号处理中,采用适当的电路结构直接实现变址。如数字信号处理器 TMS320C25 就有专用于 FFT 的二进制码变址模式。

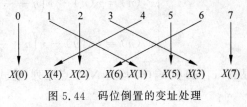

图 5.44　码位倒置的变址处理

3. 按频率抽取的基-2FFT 算法

按频率抽取是在频域内将 $X(k)$ 逐次分解为长度减半的奇、偶序号子序列。

设 N 点有限长序列 $x(n)(0 \leqslant n \leqslant N-1)$,$N=2^L$($L$ 为正整数)。在将 $X(k)$ 按奇、偶序号分解之前,先将输入序列 $x(n)$ 按 n 的顺序分为前后两部分,则 $x(n)$ 的 DFT 为

$$X(k)=\text{DFT}[x(n)]=\sum_{n=0}^{N-1}x(n)W_N^{kn}=\sum_{n=0}^{\frac{N}{2}-1}x(n)W_N^{kn}+\sum_{n=\frac{N}{2}}^{N-1}x(n)W_N^{kn}$$

$$=\sum_{n=0}^{\frac{N}{2}-1}x(n)W_N^{kn}+\sum_{n=0}^{\frac{N}{2}-1}x\left(n+\frac{N}{2}\right)W_N^{\left(n+\frac{N}{2}\right)k}$$

$$=\sum_{n=0}^{\frac{N}{2}-1}\left[x(n)+x\left(n+\frac{N}{2}\right)W_N^{Nk/2}\right]W_N^{kn}, \qquad k=0,1,\cdots,N-1$$

式中用的是 W_N^{kn},而不是 $W_{\frac{N}{2}}^{kn}$,所以仍是 N 点 DFT。

由于 $W_N^{\frac{N}{2}}=-1$,故 $W_N^{Nk/2}=(-1)^k$,可以得到

$$X(k)=\sum_{n=0}^{\frac{N}{2}-1}\left[x(n)+(-1)^kx\left(n+\frac{N}{2}\right)\right]W_N^{kn}, \qquad k=0,1,\cdots,N-1 \qquad (5\text{-}9)$$

当 k 为偶数时,$(-1)^k=1$;当 k 为奇数时,$(-1)^k=-1$。因此,将 $X(k)$ 按 k 为奇偶数分解为两个 $N/2$ 点子序列,即

$$\begin{cases}X_1(r)=X(2r)\\ X_2(r)=X(2r+1)\end{cases} \qquad r=0,1,\cdots,\frac{N}{2}-1$$

代入式(5-9),得

$$X_1(r) = \sum_{n=0}^{\frac{N}{2}-1} \left[x(n) + x\left(n + \frac{N}{2}\right)\right] W_N^{2rn} = \sum_{n=0}^{\frac{N}{2}-1} \left[x(n) + x\left(n + \frac{N}{2}\right)\right] W_{\frac{N}{2}}^{rn}$$

$$X_2(r) = \sum_{n=0}^{\frac{N}{2}-1} \left[x(n) - x\left(n + \frac{N}{2}\right)\right] W_N^{(2r+1)n} \qquad (5\text{-}10)$$

$$= \sum_{n=0}^{\frac{N}{2}-1} \left[x(n) - x\left(n + \frac{N}{2}\right) W_N^n\right] W_{\frac{N}{2}}^{rn}$$

令

$$\begin{cases} x_1(n) = x(n) + x\left(n + \frac{N}{2}\right) \\ x_2(n) = \left[x(n) - x\left(n + \frac{N}{2}\right)\right] W_N^n \end{cases} \quad n = 0, 1, \cdots, \frac{N}{2} - 1 \qquad (5\text{-}11)$$

显然，$x_1(n)$ 和 $x_2(n)$ 均为 $N/2$ 点序列，将式(5-11)代入式(5-10)，得

$$\begin{cases} X_1(r) = X(2r) = \sum_{n=0}^{\frac{N}{2}-1} x_1(n) W_{\frac{N}{2}}^{rn} = \mathrm{DFT}[x_1(n)] \\ X_2(r) = X(2r+1) = \sum_{n=0}^{\frac{N}{2}-1} x_2(n) W_{\frac{N}{2}}^{rn} = \mathrm{DFT}[x_2(n)] \end{cases} \quad r = 0, 1, \cdots, \frac{N}{2} - 1$$

其中，$X_1(r)$ 和 $X_2(r)$ 为 $N/2$ 点 DFT。

频率抽取法对应的蝶形运算如图 5.45 所示。

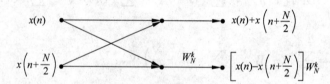

图 5.45　按频率抽取的蝶形运算信号流图符号

完整的 $N=8$ 时，按频率抽取基-2FFT 运算流图如图 5.46 所示。

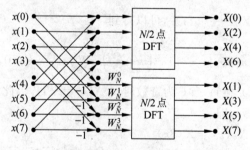

(a) 第一次分解：将 8 点 DFT 分解为 2 个 4 点 DFT

图 5.46　按频率抽取的基-2FFT 分解过程（$N=8$）

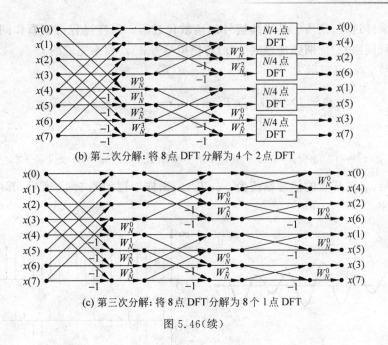

(b) 第二次分解: 将 8 点 DFT 分解为 4 个 2 点 DFT

(c) 第三次分解: 将 8 点 DFT 分解为 8 个 1 点 DFT

图 5.46(续)

5.4.3　数字化步骤

模拟信号的数字化过程包括三个步骤: ①采样, 即从随时间连续变化的信号转换为在时间上是离散的信号, 称时域采样; ②量化, 即在幅值上转换成量化信号, 称幅值量化; ③编码, 即把连续信号变成离散的时间序列, 其处理过程如图 5.47 所示。

图 5.47　模拟信号的数字化工程

1. 采样

所谓"采样"就是从连续信号中, 每隔一定的间隔抽取一个样本数值, 从而得到由一系列离散样值构成的离散信号的过程, 该离散信号称为采样信号。采样工作由采样器完成。采样器相当于一个定时开关, 它每隔 $T_s(\text{s})$ 闭合一次, 每次闭合时间为 $\tau(\text{s})(\tau \ll T_s)$, 从而实现由 $x(t)$ 到 $x_s(t)=x_s(nT_s)$ 的转化。采样器工作原理如图 5.48 所示。采样是获得离散信号的重要手段, 联系连续信号与离散信号之间的桥梁。

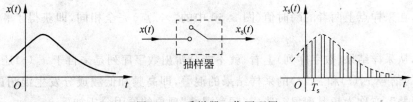

图 5.48　采样器工作原理图

　　信号的采样过程，实质上是连续信号的离散化过程。采样过程可以看作间隔为 T_s（采样周期或采样间隔）的周期脉冲序列 $g(t)$ 与模拟信号 $x(t)$ 相乘完成的。

　　采样函数 $g(t)$ 可表示为

$$g(t) = \sum_{n=-\infty}^{\infty} \delta(t-nT_s) \qquad n=0, \pm 1, \pm 2, \pm 3, \cdots$$

则

$$x(t) \cdot g(t) = \int_{-\infty}^{\infty} x(t) \cdot \delta(t-nT_s)\mathrm{d}t = x(nT_s) \qquad n=0, \pm 1, \pm 2, \pm 3, \cdots$$

经时域采样后，各采样点的信号幅值为 $x(nT_s)$。采样原理如图 5.49 所示，其中 $1/T_s = f_s$ 称为采样频率。

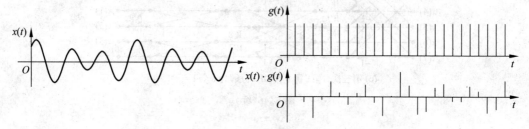

图 5.49　时域采样原理

　　由于后续的量化过程需要一定的时间 τ，对于随时间变化的模拟输入信号，要求瞬时采样值在时间 τ 内保持不变，这样才能保证转换的正确性和转换精度，这个过程就是采样保持。正是有了采样保持，实际上采样后的信号是阶梯形的连续函数。

　　采样间隔的选择是一个重要的问题。采样间隔太小（采样频率高），则对定长的时间记录而言其数字序列就很长（即采样点数多），使计算工作量增大；如果数字序列长度一定，则只能处理很短的时间历程，可能产生很大的误差；若采样间隔太大（采样频率低），则可能丢失有用的信息。

　　【例 5.14】　对信号 $x_1(t) = A\sin(2\pi \cdot 10t)$ 和 $x_2(t) = A\sin(2\pi \cdot 50t)$ 进行采样处理，采样间隔 $T_s = 1/40\,\mathrm{s}$，即采样频率 $f_s = 40\,\mathrm{Hz}$。请比较两信号采样后的离散序列的状态。

　　解：因采样频率 $f_s = 40\,\mathrm{Hz}$，则

$$t = nT_s$$

$$x_1(nT_s) = A\sin\left(2\pi\frac{10}{40}nT_s\right) = A\sin\left(\frac{\pi}{2}nT_s\right)$$

$$x_2(nT_s) = A\sin\left(2\pi\frac{50}{40}nT_s\right) = A\sin\left(\frac{5\pi}{2}nT_s\right) = A\sin\left(\frac{\pi}{2}nT_s\right)$$

经采样后，在采样点上两者的瞬时值（图 5.50 中的"×"点）完全相同，即获得了相同的数学序列。

　　这样，从采样结果（数字序列）上看，就不能分辨出数字序列是来自于 $x_1(t)$ 还是 $x_2(t)$，不同频率的信号 $x_1(t)$ 和 $x_2(t)$ 的采样结果的混叠，即高频和低频成分发生混淆的现象，称为"频率混叠"，亦称为频混现象。造成"频率混叠"现象的原因分析如下：

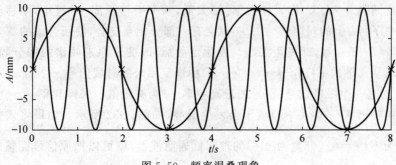

图 5.50　频率混叠现象

在时域采样中,采样函数 $g(t)$ 的傅里叶变换为

$$G(f) = f_s \sum_{n=-\infty}^{\infty} \delta(f - nf_s) = \frac{1}{T_s} \sum_{n=-\infty}^{\infty} \delta\left(f - \frac{n}{T_s}\right)$$

由频域卷积定理可知

$$x(t) \cdot g(t) \leftrightarrow X(f) * G(f)$$

则

$$X(f) * G(f) = X(f) * \frac{1}{T_s} \sum_{n=-\infty}^{\infty} \delta\left(f - \frac{n}{T_s}\right) = \frac{1}{T_s} \sum_{n=-\infty}^{\infty} X\left(f - \frac{n}{T_s}\right)$$

上式即为信号 $x(t)$ 经间隔 T_s 的采样脉冲采样之后形成的采样信号的频谱,即采样信号的频谱是将 $X(f)/T_s$ 依次平移至采样脉冲对应的频率序列点上,然后全部叠加而成,如图 5.51 所示。

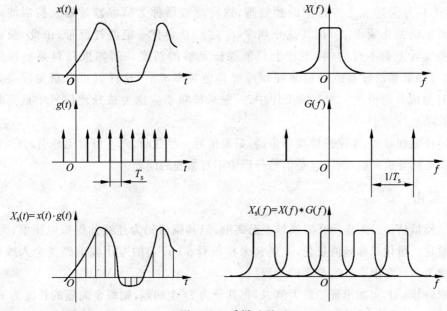

图 5.51　采样过程

由此可见,一个连续信号经过周期单位脉冲序列采样以后,它的频谱将沿着频率轴每隔一个采样频率 f_s 就重复出现一次,即频谱产生了周期延拓,延拓周期为 f_s。

如果采样间隔 T_s 太大，即采样频率 f_s 太低，频率平移距离 f_s 过小，则移至各采样脉冲对应的频率序列点上的频谱 $X(f)/T_s$ 就会有一部分相互交叠，使新合成的 $X(f) * G(f)$ 图形与 $X(f)/T_s$ 不一致，即发生混叠。发生混叠后，改变了原来频谱的部分幅值，这样就不可能准确地从离散的采样信号 $x(t) \cdot g(t)$ 中恢复原来的时域信号 $x(t)$ 了。

如果 $x(t)$ 是一个限带信号（信号的最高频率 f_c 为有限值），采样频率 $f_s = 1/T_s \geqslant 2f_c$，那么采样后的频谱 $X(f) * G(f)$ 就不会发生混叠，如图 5.52 所示。如果将该频谱通过一个中心频率为零（$f=0$），带宽为 $\pm \dfrac{f_s}{2}$ 的理想低通滤波器，就可以把原信号完整的频谱取出来，这才有可能从离散序列中准确地恢复原信号的波形。

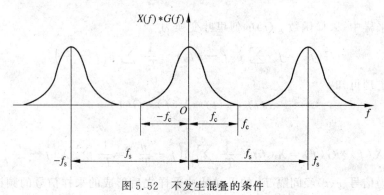

图 5.52　不发生混叠的条件

如果确知测试信号中的高频成分是由噪声干扰引起的，为满足采样定理并不使数据过长，常在信号采样前先进行滤波预处理，这种滤波器称为抗混滤波器。抗混滤波器不可能有理想的截止频率 f_c，在其截止频率 f_c 之后总会有一定的过渡带，由此，要绝对不产生混叠实际上是不可能的，工程上只能保证足够的精度。而如果只对某一频带感兴趣，那么可用低通滤波器或带通滤波器滤掉其他频率成分，这样就可以避免混叠并减少信号中其他成分的干扰。在实际工作中，一般采样频率应选为被处理信号中最高频率的 5～10 倍以上。

从采样定理可知，无论采样频率多高，只要信号一经截断，就不可避免地引起混叠，因此信号截断必然导致一些误差，这是信号分析中不容忽视的问题。

2. 量化

连续模拟信号经采样后在时间轴上已离散，但其幅值仍为连续的模拟电压值，因此，需要进行量化。量化又称幅值量化，就是将采样信号 $x(nT_s)$ 的电压幅值经过舍入或者截尾的方法变为只有有限个有效数字的过程。

若取信号 $x(t)$ 可能出现的最大值 A，将其分为 D 个间隔，则每个间隔的长度为 $R = A/D$，R 称为量化增量或量化步长。当采样信号 $x(nT_s)$ 落在某一小间隔内，经过舍入或者截尾的方法而变为有限值时，则产生量化误差，如图 5.53 所示。一般把量化误差看成是模拟信号作数字处理时的可加噪声，故而又称之为舍入噪声或截尾噪声。

【**例 5.15**】　将幅值为 $A = 1000$ 的谐波信号按 $6,8,18$ 等分量化，求其量化后的曲线。

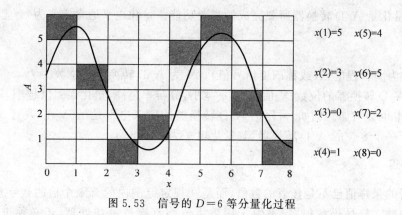

图 5.53　信号的 $D=6$ 等分量化过程

解：图 5.54 中，图(a)是谐波信号，图(b)是 6 等分的量化结果，图(c)是 10 等分的量化结果，图(d)是 18 等分的量化结果。对比图(b)、图(c)、图(d)可知，等分数越小，D 越大，量化误差越大。

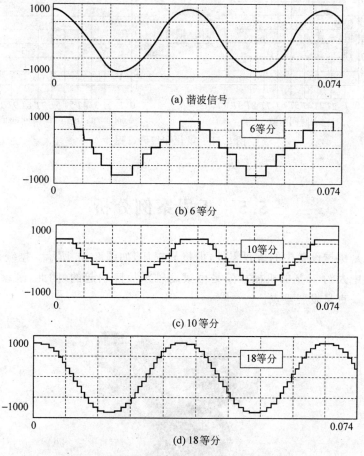

图 5.54　谐波信号按 6、10、18 等分量化的误差

通常，量化是 A/D 转换器所要完成的主要功能。量化电平通常定义为

$$q = \frac{V_{FSR}}{2^N}$$

其中：V_{FSR} 为满量程电压（或称满度信号值）；N 为 A/D 转换器的位数。

显然，A/D 转换器的位数 N 值越大，q 越小，分辨率越高，量化误差就越小，转化速度会降低，其成本也会增加。例如，常用的 A/D 转换器的输入电平是 ±5V，位数有 8、10、12、16位等。对于一个 8 位的 A/D 转换器，其量化电平为 19.5mV。

3. 编码

量化后的采样值已不是任意的数值，而是在规定范围内的有限个值的数字量。这些数字量所用的数字符号仍然很多，不便于用数字电路直接传输和处理，还必须进行编码，如图 5.55 所示。A/D 转换中一般用 0、1 两个符号将各个数字量转换为离散的二进制数码。

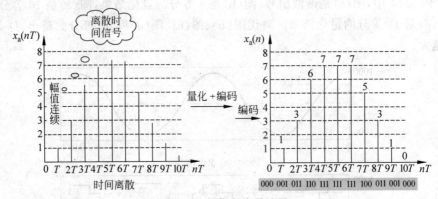

图 5.55　量化和编码过程

5.5　工程案例分析

滚动轴承是机械设备中的重要零件，但极易损坏，如图 5.56 所示。据统计，使用滚动轴承的旋转机械中大约 30% 的机械故障是由滚动轴承故障引起的，因此，滚动轴承的状态检测与诊断技术一直是发展重点。

图 5.56　滚动轴承

1. 滚动轴承故障的基本形式

滚动轴承故障按产生的原因分为 3 种,如表 5.7 所示。

表 5.7 滚动轴承故障

故障	说 明
磨损	滚动轴承内外圈的滚道和滚动体表面既承受载荷又有相对运动,故发生各种形式的磨损,如疲劳磨损、磨料磨损、粘着磨损和腐蚀磨损等。在正常情况下,疲劳磨损是滚动轴承故障的主要原因,一般来说轴承寿命是指轴承的疲劳寿命
压痕	轴承受到过大载荷或因硬度很高的异物侵入时,将在滚动体和滚道的表面上形成凹痕,使轴承运转时产生剧烈的振动和噪声,影响工作质量
断裂	轴承元件的裂纹和破裂主要是由加工轴承元件时磨削加工或热处理不当引起的,部分是由于装配不当、载荷过大、转速过高、润滑不良产生的过大热效应力而引起的

2. 滚动轴承的故障振动分析

滚动轴承的振动非常复杂,除轴承本身结构特点和加工、装配误差引起的正常振动外,还有轴承损伤引起的故障振动,以及外部因素引起的振动。本节仅分析轴承的故障振动。

当轴承元件的滚动面上产生损伤点(如点蚀、剥落、压痕、裂纹等)时,轴承在运行过程中,损伤处滚动体与内外圈会反复碰撞,产生周期性的冲击力,从而引起低频振动,其频率与冲击力的重复频率相同,故称之为轴承故障的特征频率。特征频率的大小取决于损伤点所在的元件和元件的几何尺寸以及轴承的转速,一般在 1kHz 以下,在听觉范围内(20Hz~20kHz),是分析轴承故障部位的重要依据。如图 5.57 为轴承局部故障波形图,T 是冲击重复周期,即轴承局部故障的特征周期,f_0 是轴承外围的固有频率。

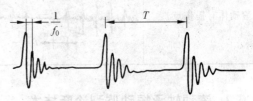

图 5.57 滚动轴承发生的冲击振动

1)局部故障特征频率的计算

轴承故障特征频率计算公式如表 5.8 所示。

表 5.8 轴承故障特征频率

表面损伤点位置	特征频率/Hz
外圈	$f_a = \dfrac{Z(D - d\cos\alpha)}{2D} f$
内圈	$f_i = \dfrac{Z(D + d\cos\alpha)}{2D} f$
滚动体	$f_b = \dfrac{D^2 - (d - \cos\alpha)^2}{2Dd} f$

注:d—滚动体直径,mm;D—轴承滚道的节径,mm;Z—滚动体数量,个;α—接触角,(°);f—轴的转动频率,Hz

2）局部故障的振动波形

时域振动波形如表 5.9 所示。

表 5.9　轴承振动类型时域波形图

振 动 类 型	振 动 波 形	说　明
正常轴承	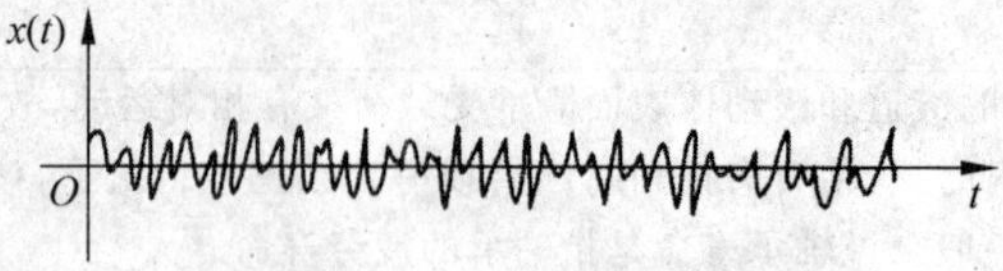 $x(t)$ 波形图	波形没有冲击尖峰，没有高频率的变化，杂乱无章，没有规律
固定外圈有损伤点	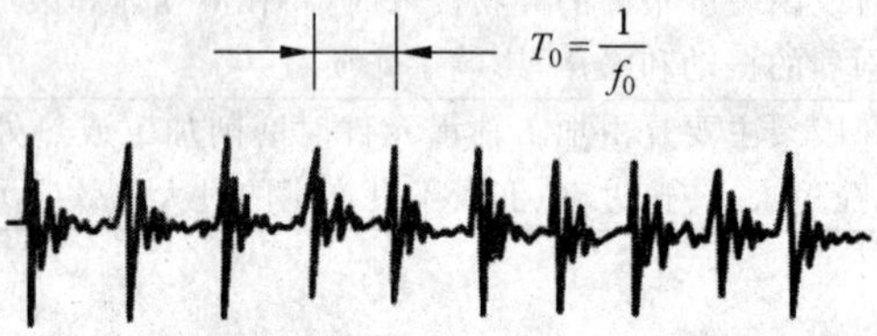 波形图，$T_0=\dfrac{1}{f_0}$	若载荷的作用方向不变，则损伤点和载荷的相对位置关系固定不变
转动内圈有损伤点	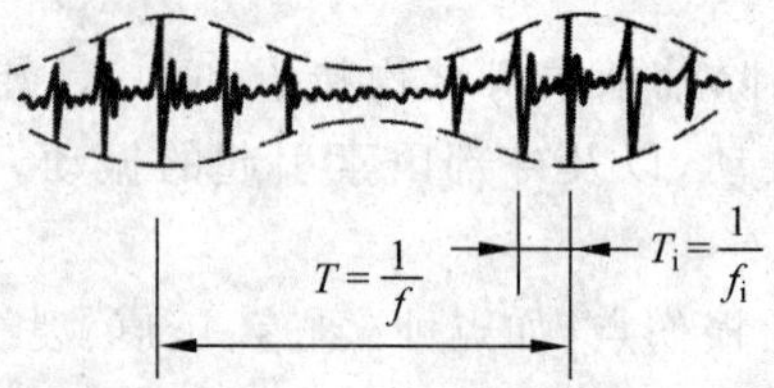 波形图，$T=\dfrac{1}{f}$，$T_i=\dfrac{1}{f_i}$	若载荷的作用方向不变，损伤点和载荷的相对位置关系呈周期变化。每次碰撞强度不同，振动幅值发生周期性的强弱变化，呈现调幅现象，周期取决于内圈的转频
滚动体有损伤点	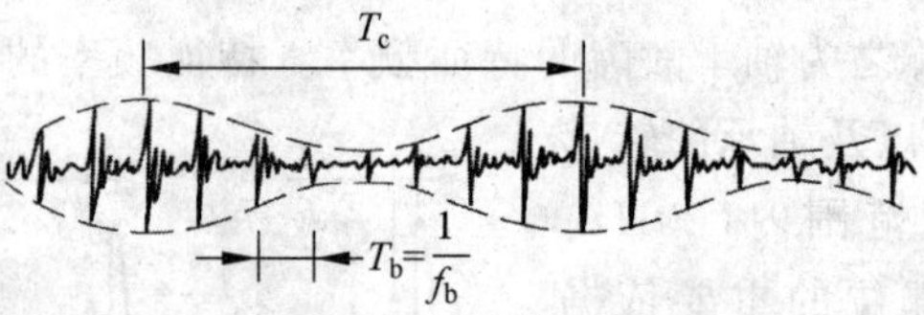 波形图，T_c，$T_b=\dfrac{1}{f_b}$	若载荷的作用方向不变，和内固有损伤点相似，振动幅值呈周期性强弱变化，周期取决于滚动体的公转频率

3. 滚动轴承振动监测诊断技术

简易诊断一般是以振动信号的幅值变化为根据，常用的诊断参数是峰值、均方根值、峰值系数和峭度系数。

精密诊断轴承故障则根据监测频段不同，有损伤的轴承振动信号在低频段有特征频率分量，在高频段有固有频率分量。所以可划分为低频（特征频率段）分析法和高频（固有频率段）分析法两种。

4. 滚动轴承故障诊断案例

某公司高速线材轧制线上的吐丝机传动简图如图 5.58 所示。

1）时域指标趋势分析

图 5.59(a)为吐丝机 a35 测点峰值趋势图，由图可见，吐丝机 a35 测点时域峰值从 4 月 13 日开始有所上升，4 月 25 日达到 85m/s^2，5 月 6 口已达到 260m/s^2 以上。

图 5.59(b)为吐丝机 a35 测点峰值系数趋势图。该测点峰值系数在 4 月 13 日之前维持在 5 以下，4 月 16 日达到 10，此后到 5 月 25 日之间一直维持在 6.5 以上，之后下降。

轴承编号	轴承型号
C1	M438106A
C2	M418106B
C3	10284776
C4	10278758

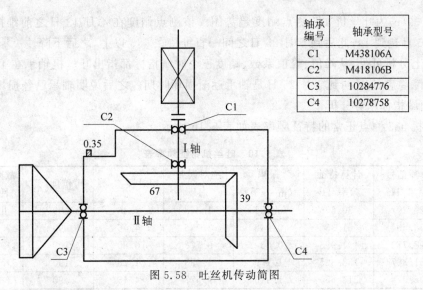

图 5.58　吐丝机传动简图

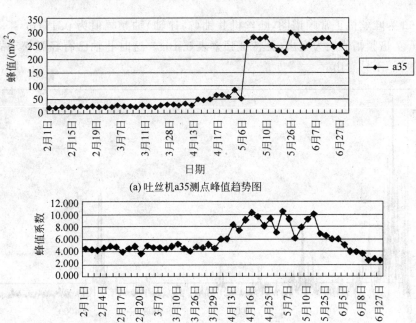

(a) 吐丝机 a35 测点峰值趋势图

(b) 吐丝机 a35 测点峰值系数趋势图

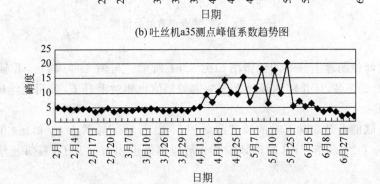

(c) 吐丝机 a35 测点峭度指标趋势图

图 5.59　吐丝机 a35 测点时域指标分析图

图 5.59(c)为吐丝机 a35 测点峭度趋势图。该测点峭度在 4 月 13 日之前维持在 5 以下,4 月 16 日达到 14,此后到 5 月 25 日之间一直维持在 6.5 以上,之后下降。

由以上分析可见,从峰值、峰值系数、峭度三个时域指标都指出吐丝机轴承在 4 月 13 日时已有故障隐患,5 月初到 5 月 25 日是轴承逐渐损坏时期。之后说明轴承已经损坏。

2)频域指标趋势分析

吐丝机 a35 测点正常的特征频率表如表 5.10 所示。

表 5.10　吐丝机特征频率表

序号	故障信号频率/Hz	计算特征频率/Hz	振幅 (m·s⁻²)	绝对误差/Hz	相对误差/%	可信度/%	故障部位及性质分析
1	29.297	30.665	0.151	1.368	4.46	90	Ⅱ轴轴频
2	58.594	61.33	0.948	2.736	4.46	90	2×Ⅱ轴轴频
3	92.773	91.995	0.63	0.778	0.85	100	3×Ⅱ轴轴频
4	151.367	153.325	1.179	1.958	1.28	100	5×Ⅱ轴轴频
5	205.078	214.655	1.916	9.577	4.46	90	7×Ⅱ轴轴频

图 5.60 为吐丝机正常频谱图,吐丝机Ⅱ轴(高速轴)轴频幅值为 0.151m/s²,并且Ⅱ轴轴频的 2、5、7 倍频幅值较为突出(见特征频率表 5.10)。这时Ⅱ轴已有轻微松动故障,由于幅值相对很低,不易看出。

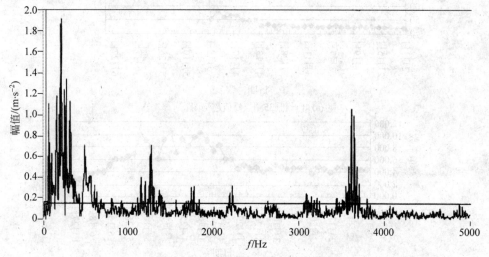

图 5.60　a35 测点正常的频谱图

a35 测点峰值明显上升时的频谱图如图 5.61 所示。与图 5.60 相比,Ⅱ轴(高速轴)轴频幅值上升了 2 倍多,且Ⅱ轴轴频的 2、5、7 倍频幅值也相对上升了,表明吐丝机Ⅱ轴松动故障在逐渐加重。

a35 测点峰值上升非常大时的频谱图如图 5.62 所示。与图 5.61 相比,Ⅱ轴(高速轴)轴频幅值上升了 20 多倍,且Ⅱ轴轴频的 2、3 倍频幅值也相对上升了,表明吐丝机Ⅱ轴上轴承已经损坏。

吐丝机轴承碎裂的频谱图如图 5.63 所示。这个时间距轴承破碎还有 40 多天,而且频谱图上已有极明显的故障征兆,如在此期间及时处理,完全可以避免事故发生。

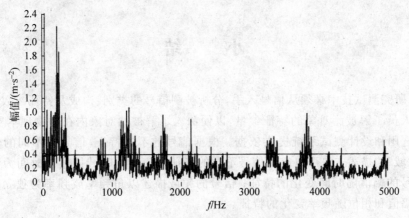

图 5.61　a35 峰值明显上升时的频谱图

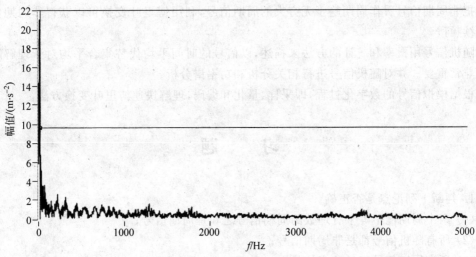

图 5.62　a35 测点峰值上升非常大时的频谱图

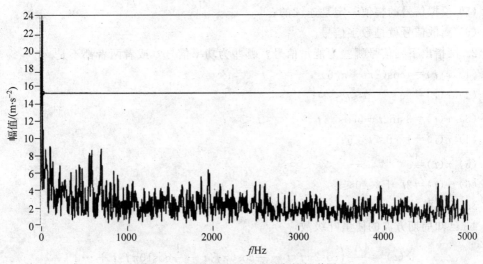

图 5.63　轴承碎裂 a35 测点的频谱图

小　结

因此，研究测试技术必须从信号入手，分析被测信号的类别、构成及特征参数，一方面使工程测试人员了解被测对象的特征参量，以便深入了解被测对象内在的物理本质；另一方面为正确选用和设计测试系统提供依据。根据信号的不同特征，信号有不同的分类方法。采用信号"域"的描述方法可以突出信号不同的特征。信号的时域描述以时间为独立变量，其强调信号的幅值随时间变化的特征；信号的频域描述以角频率或频率为独立变量，其强调信号的幅值和相位随频率变化的特征。

周期信号利用傅里叶级数展开，包括三角函数和复指数展开。利用周期信号的傅里叶级数展开可以获得其离散频谱。常见周期信号的频谱具有离散性、谐波性和收敛性。

把非周期信号看作周期趋于无穷大的周期信号，利用傅里叶变换可以获得非周期信号的连续频谱。

随机信号用概率和统计的方法来描述，以信号的时间平均代替集合平均对于理解随机过程非常重要。并对随机信号进行相关分析和功率谱分析。

根据模拟信号的数字化过程，即采样、量化和编码，理解快速傅里叶变换方法。

习　题

1. 判断下列论点是否正确。

(1) 两个周期比不等于有理数的周期信号之和是周期信号；

(2) 所有随机信号都是非周期信号；

(3) 所有周期信号都是功率信号；

(4) 所有非周期信号都是能量信号；

(5) 模拟信号的幅值一定是连续的；

(6) 离散信号就是数字信号。

2. 试指出下列信号哪些为能量信号？哪些为功率信号？或者两者都不是。

(1) $x(t) = 4\cos(2\pi t + \pi/6)$ 　$-\infty < t < \infty$；

(2) $x(t) = 5\mathrm{e}^{-3t}$ 　$0 \leqslant t < \infty$；

(3) $x(t) = 3\sin 2t + 5\cos\sqrt{3}\, t$ 　$-\infty < t < \infty$；

(4) $x(t) = 1$ 　$0 < t < 5$；

(5) $x(t) = \mathrm{e}^{\cos^2 10\pi t}$ 　$-\infty < t < \infty$；

(6) $x(t) = 2t^2 + 3$ 　$0 \leqslant t < \infty$。

3. 求正弦信号 $x(t) = x_0 \sin\omega t$ 的绝对均值 $\mu_{|x|}$ 和均方根值 x_{rms}。

4. 已知周期方波的傅里叶级数

$$x(t) = \frac{4A_0}{\pi}\left(\cos 2\pi f_0 t - \frac{1}{3}\cos 6\pi f_0 t + \frac{1}{5}\cos 10\pi f_0 t + \cdots\right)$$

求该方波的均值、频率组成及各频率的幅值,并画出频谱图。

5. 已知矩形脉冲 $x(t)$ 为偶函数,幅值为 1,宽度为 2,试求其自相关函数和能量谱密度。

6. 已知信号的自相关函数 $R_x(\tau)=x_0\cos2\pi f_0\tau$,试确定该信号的均方值 ψ_x^2、均方根值 x_{rms} 和自功率谱 $S_x(f)$。

7. 求两个同频率的正弦函数 $x(t)=x_0\sin(\omega t+\varphi)$ 和 $y(t)=y_0\sin(\omega t+\varphi-\theta)$ 的互相关函数 $R_{xy}(\tau)$。

8. 求正弦函数 $x(t)=A\sin(\omega t+\phi)$ 的自相关函数,其中,初始相角 φ 为随机变量。如果 $x(t)=A\cos(\omega t+\varphi)$,$R_x(\tau)$ 有何变化?

9. 一线性系统,其传递函数为 $H(s)=\dfrac{1}{1+Ts}$,当输入信号为 $x(t)=x_0\sin2\pi f_0 t$ 时,

求:(1) $S_y(f)$;(2) $R_y(\tau)$;(3) $S_{xy}(f)$;(4) $R_{xy}(f)$。

10. 已知一简谐周期信号 $x(t)$ 的频率为 30Hz,现以 50Hz 的采样频率对其进行采样,得 $x(n)$,问是否会发生频率混叠现象?若发生混叠,$x(n)$ 表现为频率多少赫兹的信号?已知 $x(t)=A\cos(100\pi t+\varphi)$,问:至少需要采样几点,才能确定该信号的幅度和相位?

11. 车床加工零件外圆表面时常产生振纹,表面振纹主要是由转动轴上齿轮的不平衡惯性力使主轴箱振动而引起的。振纹的幅值谱 $A(f)$ 如图 5.64(a)所示,主轴箱传动示意图如图 5.64(b)所示。传动轴 1、2、3 上的齿轮齿数分别为 $z_1=30$,$z_2=40$,$z_3=20$,$z_4=50$,传动轴转速 $n_1=2000\text{r/min}$,试分析哪一根轴上的齿轮不平衡量对加工表面的振纹影响大。为什么?

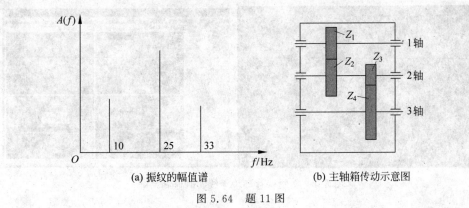

(a) 振纹的幅值谱　　　　(b) 主轴箱传动示意图

图 5.64　题 11 图

12. 什么是窗函数?描述窗函数的各项频域指标能说明什么问题?

第 6 章

现代测试技术

引例

随着计算机技术、大规模集成电路技术和通信技术的飞速发展,测试领域发生了巨大的变化。以计算机为核心组建的测试系统改变了原本由硬件电路完成的测量功能,将信号获取、信号调理、数据分析处理、计算控制、结果评定以及输出表述融为一体,最大限度获取信息与测量功能,其测量结果的准确度、测试的自动化程度和效率不断提高,系统研制周期越来越短。

例如,馆藏文物保存环境对于文物的长久保存和保护具有重要的影响。文物保存环境无线实时监测系统对文物保存环境如温度、湿度、CO_2、VOC、紫外线、光照度、空气浮尘等实时信息进行监测,对未知的险情提前预警,有效地提高管理效率,如图 6.1 所示。请思考这样的测试系统是如何实现的?

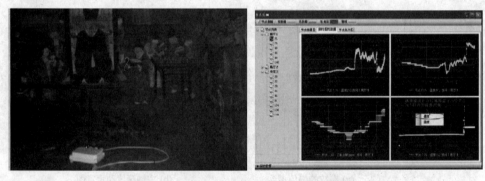

图 6.1 文物保存环境无线实时监测系统

6.1 现代测试系统概述

6.1.1 基本概念

人们习惯把具有自动化、智能化、可编程化等功能的测试系统称为现代测试系统。现代测试系统主要有三大类:智能仪器、虚拟仪器和自动测试系统。

智能仪器是指内含微处理器的仪器或基于微型计算机的仪器,其功能丰富、灵巧。智能仪器是计算机技术与测量仪器相结合的产物,典型的智能仪器如图 6.2 所示。

虚拟仪器的概念是美国国家仪器公司(National Instruments Corp,NI)于 1986 年提出的,是以通用计算机为核心,辅以一定的硬件设备,用通用或专用软件开发实现仪器功能的新一代测试仪器,如图 6.3 所示。虚拟仪器是继第一代仪器——模拟式仪器、第二代仪器——分立元件式仪器、第三代仪器——数字式仪器、第四代仪器——智能化仪器之后的新一代仪器。虚拟仪器的提出是对传统仪器概念的重大突破,是仪器领域的一次革命。

图 6.2　典型智能仪器

图 6.3　虚拟仪器

自动测试系统一般由四部分组成:第一部分是微机或微处理器,它是整个系统的核心;第二部分是被控制的测量仪器或设备,称为可程控仪器;第三部分是接口,如 IEEE 488;第四部分是软件。一个典型的自动测试系统如图 6.4 所示。

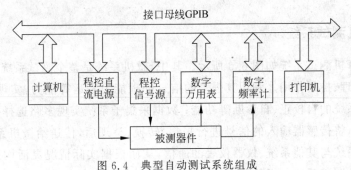

图 6.4　典型自动测试系统组成

智能仪器和自动测试系统的区别在于它们所用的微机是否与仪器测量部分融合在一起,也即是采用专门设计的微处理器、存储器、接口芯片组成的系统(智能仪器),还是用现成的 PC 配以一定的硬件及仪器测量部分组合而成的系统(自动测试系统)。而虚拟仪器与前两者的最大区别在于它将测试仪器软件化、模块化,这些软件化和模块化的仪器具有特定的功能(如滤波器、频谱仪),与计算机结合构成了虚拟仪器。

6.1.2　现代测试系统组成

现代测试系统的基本结构从硬件平台结构来看,可分为以下两种基本类型。

1. 以单片机或专用芯片为核心组成的单机系统

这类系统的特点是易做成便携式,其典型的结构框图如图 6.5 所示。输入通道中待测的电量、非电量信号经过传感器及调理电路,通过 A/D 转换器将其转换为数字信号,再送入 CPU 系统进行分析处理。此外输入通道中通常还会包含电平信号和开关量,它们经相应的接口电路(通常包括电平转换、隔离等功能单元)送入 CPU 系统。一般较复杂的系统还需要扩展程序存储器和数据存储器。当系统较小时,最好选用带有程序、数据存储器的 CPU,甚至带有 A/D 转换器和 D/A 转换器的芯片以便简化硬件系统设计。

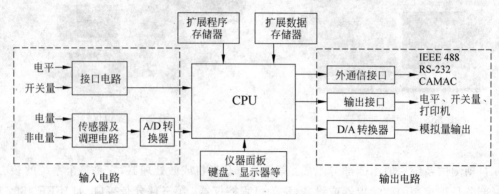

图 6.5　现代测试系统典型单机结构框图

2. 计算机测试系统

典型的计算机测试系统如图 6.6 所示。其中,微机系统是整个测试系统的核心,对整个系统起监督、管理、控制作用。利用其强大的信息处理能力和运算能力,实现信号的分析处理、逻辑判断、系统的自校正、自诊断等功能;数据采集子系统实现多路选择控制、信号的采集、转换等功能,将传感器输入的信号进行采集、转换、整理后,传送给微机系统;通信子系统实现本测试系统与其他系统、仪器仪表的通信,从而根据实际情况灵活构造不同规模、不同用途的微机化测试系统。通信接口的结构及设计方法,与采用的总线规范和总线技术有关;输出控制子系统实现对被测对象、被测组件、控制对象、测试操作过程等的自动控制;基本 I/O 子系统实现人机对话。输入或修改系统参数、设置系统工作状态、输出测试结果、显示测试过程、记录测试数据等。

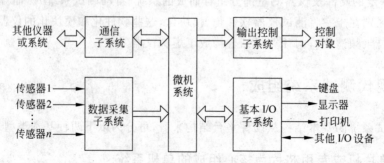

图 6.6　典型的计算机测试系统

这种结构属于虚拟仪器的结构形式,它充分利用了计算机的软、硬件技术,用不同的测量仪器和不同的应用软件就可以实现不同的测量功能。

6.1.3 现代测试系统特点

现代测试系统与传统测试系统相比,具有以下特点。

(1)智能化。现代测试系统由多种测试仪器、设备或系统综合而成的有机整体。系统的自测试程序可对系统自检并修复一些故障,局部故障下仍可工作。同时,能够在最少依赖于操作人员干预的情况下,通过计算机的控制自动完成对被测对象的功能行为或特征参数的分析,评估其性能状态,对信号进行复杂的、高精度、高分辨率和高速实时分析处理,并以多种形式输出信息,如利用计算机的模拟功能、动画效果实现缓慢过程的快速化或快速过程的缓慢化。数字通信可实现远程监控和远程测试。

(2)网络化。利用网络实现远程测试,使测试人员不受时间和空间上的制约,随时随地获取所需信息,另一方面,实现有限资源共享,从而实现多系统、多专家的协同测试与诊断,达到测量信息共享以及整个测试过程高度自动化、智能化的目的,同时,减少硬件设置,有效减低测试系统的成本。典型的网络化测试系统如图 6.7 所示。

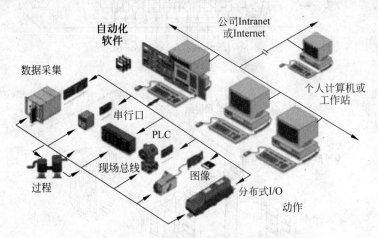

图 6.7 典型网络化测试系统

(3)经济性。现代测试系统由标准芯片构成的硬件和软件组成,大规模生产的硬件保证了高可靠性和稳定性,维修更方便,软件运行具有绝对的重现性。因此,性能可靠、稳定、维修方便。同时,网络中的虚拟设备无磨损、无破坏,可反复使用。例如,通常传统射频仪器的购买周期是 5~7 年且价格昂贵,而新标准和新技术的推出周期却是每两年一轮,购买的射频测试设备由于其固件和功能的限定通常难以跟上新标准的发展速度,通过调整虚拟设备中软件,对其功能重新定义,节约了时间成本和经济成本。

6.2   测试总线与接口技术

6.2.1   总线分类

　　测试总线是应用于测试领域中的一种总线技术，是现代测试技术中极为重要的内容之一。测试系统内部各单元（芯片、模块、插件板、仪器和系统）之间，都是通过总线连接并实现数据传递和信息联络的。总线的特点在于其公用性和兼容性，它能同时挂连多个功能部件，且可互换使用。

　　按信息位传送方式划分，测试总线有两种。

　　（1）并行总线。用每位数据各自的导线同时并行地传递信息的所有位，速度快，但用线多，成本高，不宜远距离通信，如 GPIB 和 VXI 总线等，如图 6.8 所示。

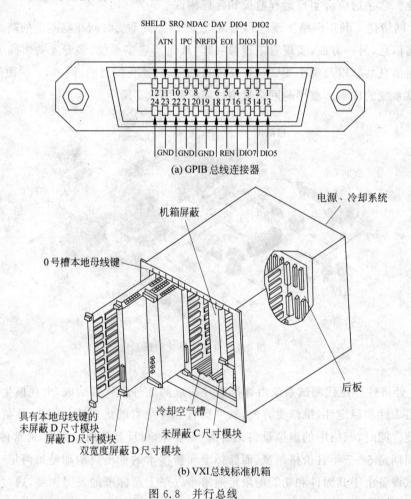

(a) GPIB 总线连接器

图 6.8   并行总线

(b) VXI 总线标准机箱

　　（2）串行总线。把全部信息放在一条或两条导线上，一位接一位地分时串行传递，如RS232C 、RS422 和 USB 等，如图 6.9 所示，其大多数速度慢，但用线少，成本低。

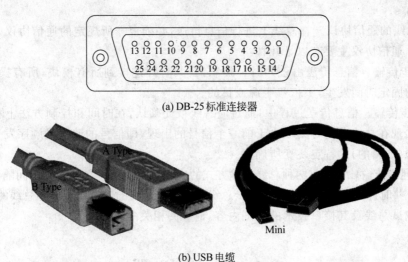

(a) DB-25 标准连接器

(b) USB 电缆

图 6.9 串行总线

目前,在智能化仪器内部都采用并行总线,其外总线则并行与串行两种都用,主要按系统设计的需要(如信息传递速度、距离、负载能力和设备投资等)选定。

6.2.2 总线规范

测试总线与计算机总线一样,需要制定详细的总线规范。总线规范一般包括以下三方面内容。

(1) 机械结构规范。总线中所规定的各机械结构参数,包括总线扩展槽的各种尺寸、模块插卡的各种尺寸和边沿连接器的规格及位置。

(2) 电气规范。总线中所规定的各电气参数,包括信号的高低电平、信号动态转换时间、负载能力及最大额定值等。

(3) 功能结构规范。规定总线上每条信号的名称和功能、相互作用的协议等。

6.2.3 总线性能指标

总线的主要功能是完成模块间或系统间的通信,总线能否保证其间的通信通畅是衡量总线性能的关键指标。总线的主要功能指标有以下几种。

(1) 总线宽度。一般指数据总线的宽度,以位数(bit)为单位。如 16 位总线、32 位总线,指的是总线具有 16 位数据和 32 位数据的传送能力。

(2) 寻址能力。地址总线的位数及所能直接寻址的存储器空间的大小。地址线位数越多,所能寻址的地址空间越大。如 20 根地址线,可寻址 1MB 的存储空间。

(3) 总线频率。总线周期是微处理器完成一次基本的输入/输出操作所需要的时间,由若干个时钟周期组成。总线频率就是总线周期的倒数,它是总线工作速度的一个重要参数。工作频率越高,传输速度越快。通常用 MHz 表示。如 33MHz、100MHz 等。

(4) 传输率。在某种传输方式下,总线所能达到的数据传输速率,即每秒传送字节数,单位为 MB/s。

（5）总线的通信协议。在总线上进行信息传送，必须遵守所规定的通信协议，以使源与目的同步。通信协议主要有以下几种：

① 同步传输。信息传送由公共时钟控制，公共时钟连接到所有模块，所有操作都是在公共时钟的固定时间发生，不依赖于源或目的。

② 异步传输。信息传送过程中，通过应答线彼此确认，在时间和控制方法上相互协调。一个信号出现在总线上的时刻取决于前一个信号的出现，即信号的改变是顺序发生的，且每一操作由源（或目的）的特定跳变所确定。

③ 半同步传输。它是前两种总线传输方式的中和。它在操作之间的时间间隔可以变化，但仅能为公共时钟周期的整数倍。半同步总线具有同步总线的速度以及异步总线的通用性。

关于测试总线及其接口技术的详细内容，请参阅相关书籍。

6.3　虚　拟　仪　器

6.3.1　虚拟仪器特点

虚拟仪器是指通过软件将 PC 与功能化硬件结合起来，用户通过友好的图形界面来操作这台计算机，就像操作真实的仪器一样，从而完成对被测试量的采集、分析、判断、显示、数据存储等。这种以软件为核心的模块化系统（见图 6.10）使用户能够更快更灵活地将测试集成到设计过程中，进一步减少了开发时间。

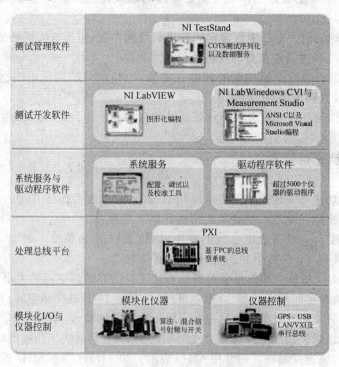

图 6.10　以软件为核心的模块化系统参考架构

传统仪器与虚拟仪器特点比较如表6.1所示。

表6.1 传统仪器与虚拟仪器的比较

比 较 内 容	传 统 仪 器	虚 拟 仪 器
关键部件	硬件	软件
开发与维护的费用	高	低
技术更新周期	长(5~10年)	短(1~2年)
价格	高	价格低,并且可重复性与可配置性强
仪器功能	厂商定义	用户定义
系统开放性和灵活性	系统封闭、固定	系统开放、灵活,与计算机发展同步
资源共享	不能互相利用资源	可共享
设备连接	不易与其他设备连接	极易与其他设备连接

6.3.2 虚拟仪器组成

虚拟仪器由硬件系统和软件系统两部分构成,如图6.11所示。

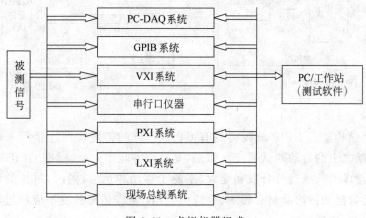

图6.11 虚拟仪器组成

1. 硬件系统

虚拟仪器的硬件系统主要由计算机和I/O接口设备两部分构成。计算机一般为一台计算机或者工作站,是硬件平台的核心。I/O接口设备主要完成被测信号的调理、采集、转换等功能。I/O接口设备根据采用的总线不同,其构成方式主要有串口型、PC-DAQ型、GPIB型、VXI型、PXI型、LXI型、现场总线等。

1) 串口型

串口型硬件平台是以串行标准总线(如RS-232/485、USB)仪器与计算机为仪器硬件平台组成的虚拟仪器硬件平台,如图6.12所示。

2) PC-DAQ硬件平台

PC-DAQ硬件平台是基于PCI总线的插卡式虚拟仪器硬件平台,如6.13图所示。PC-DAQ

图 6.12　串行总线虚拟仪器的硬件结构

系统充分利用计算机总线、机箱、电源及软件资源，但关键还取决于 A/D 转换技术，存在电磁兼容性和系统可靠性较差的不足。系统主要用于组建成本低、测试精度要求不很高的测试系统。

3）GPIB 硬件平台

GPIB 硬件平台是基于 GPIB 标准总线的虚拟仪器硬件平台，如图 6.14 所示。与 DAQ 卡不同，GPIB 仪器是独立的设备，可单独使用。

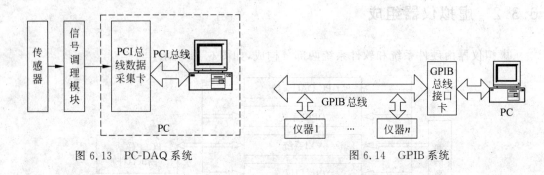

图 6.13　PC-DAQ 系统　　　　　　　　图 6.14　GPIB 系统

GPIB 体系结构通过 GPIB 总线将具有 GPIB 接口的传统仪器连接起来，实现基于 PC 和传统仪器基础之上的自动测试系统。但是，其总线吞吐率太低（标准 GPIB 方式只能达到 1MB/s），所构建成的系统过分分散和庞大，不便于移动和运输，同时，过长的传输距离会使信噪比下降，对数据的传输质量有影响，系统中 GPIB 电缆的总长度不应超过 20m，因此，系统扩展能力受到一定的限制。

4）VXI 硬件平台

VXI 硬件平台是基于 VXI 标准总线组成的虚拟仪器硬件平台，如图 6.15 所示。VXI 体系结构建立在广泛应用的 VME 总线之上，通过增加模拟总线、触发总线、局部总线、冷却

(a) 典型VXI模块　　　　　　　　　　(b) VXI系统

图 6.15　VXI 系统

散热标准、电磁兼容规范等硬件规范和 VPP 联盟所规定的软件规范,提高了硬件模块的通用性、兼容性和软件系统的互操作性、易集成性。由于 VXI 总线要求有机箱、零槽管理器及嵌入式控制器,造价比较高,因此,该平台适用于组建大、中规模的自动测量系统以及对速度、精度要求高的场合,满足高端自动化测试应用的需要。

5) PXI 硬件平台

NI 公司于 1997 年发布一种全新的、开放的、模块化仪器总线规范——PXI 总线,如图 6.16 所示。它来源于 Compact PCI(PCI 总线在工控领域的应用版本)。与 VXI 相比,PXI 系统可供选择的产品较多,适用于组建中、大规模的自动测量系统。

6) LXI 硬件平台

LXI 就是一种基于以太网技术等工业标准的、由中小型总线模块组成的新型仪器平台。LXI 仪器是严格基于 IEEE 802.3、TCP/IP、网络总线、网络浏览器、IVI-COM 驱动程序、时钟同步协议(IEEE1588)和标准模块尺寸的新型仪器。LXI 模块由计算机控制,不需要如 VXI 或 PXI 系统中的 0 槽控制器和系统机箱,如图 6.17 所示。一般情况下,在测试过程中 LXI 模块由一台主机或网络连接器来控制和操作,等测试结束后它再把测试结果传输到主机上显示出来。

图 6.16　PXI 系统　　　　　　　　　图 6.17　LXI 示波器

7) 现场总线硬件平台

随着计算机技术、网络通信技术与仪表技术的发展,产生了适合在远程测控中使用的仪器——网络化仪器。这些仪器仪表依托现场总线,具有远程通信能力,改变了测量技术的以往面貌,打破了在同一地点进行采集、分析和显示的传统模式;依靠网络技术,人们已能够和将能够有效地控制远程仪器设备,在任何地方进行采集、任何地方进行分析、任何地方进行显示,如图 6.18 所示。

2. 软件

虚拟仪器的软件由应用程序和 I/O 接口仪器驱动程序两大部分组成。应用程序包含实现虚拟面板功能的前面板软件程序和定义测试功能的流程图软件程序两部分;I/O 接口仪器驱动程序完成特定外部硬件设备的扩展、驱动和通信。

1) 驱动程序

任何一种硬件功能模块,要与计算机进行通信,都需要在计算机中安装该硬件功能模块的驱动程序,如同在计算机中安装声卡、显示卡和网卡一样。驱动程序通常由硬件功能模块的生产商随硬件功能模块一起提供,仪器硬件驱动程序使用户不必了解详细的硬件控制原

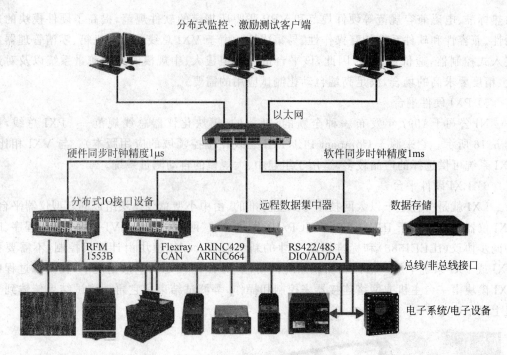

图 6.18　现场总线测控系统

理以及 GPIB、VXI、DAQ、RS-232 等通信协议就可以实现对特定仪器硬件的使用、控制与通信。

2) 应用软件

"软件即仪器"，应用软件是虚拟仪器的核心。一般虚拟仪器硬件功能模块生产商会提供各种硬件的驱动程序模块以及虚拟示波器、数字万用表、逻辑分析仪等常用虚拟仪器应用程序，如图 6.19 所示，大大简化了虚拟仪器的设计工作。对用户的特殊应用需求，设计者可利用虚拟仪器开发软件平台，像搭积木一样轻松组建一个测量系统和构造自己的仪器面板而无需进行任何繁琐的计算机代码的编写，如美国 NI 公司的软件产品 LabVIEW、LabWindows/CVI 等。

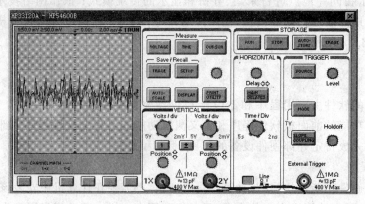

图 6.19　虚拟仪器示波器

6.4 无线传感器网络

6.4.1 基本概念及结构

近年来,随着通信技术、嵌入式计算以及微机电系统(MEMS)等技术的飞速发展和日益成熟,出现了能够在微小体积内集感知能力、计算能力和通信能力于一体的微型传感器。由这些微型传感器构成的传感器网络引起了人们的极大关注。美国《技术评论》杂志将传感器网络列为对人类未来生活产生深远影响的十大新兴技术之首。传感器网络的出现,可以使人们在任何时间、任何地点以及任何环境条件下,获取大量详实、可靠的信息,真正实现"无处不在的计算"。

所谓传感器网络是指大量的静止或移动的传感器以自组织和多跳的方式构成无线网络,并以协作的方式实时监测、感知、采集、处理网络覆盖地理区域内监测对象的信息,并将这些信息尽可能精确地发送给需要这些信息的用户。

传感器网络的系统架构如图 6.20 所示。无线传感器网络系统通常包括传感器节点(sensor node)、汇聚节点(sink node)和管理节点。大量传感器节点随机部署在检测区域(sensor field)内部或附近,能够通过自组织方式构成网络。传感器节点监测的数据沿着其他传感器节点逐跳地进行传输,在传输过程中监测数据可能被多个节点处理,经过多跳后路由到汇聚节点,最后通过互联网或卫星到达管理节点。用户通过管理节点对传感器网络进行配置和管理,发布监测任务以及收集监测数据。

无线传感器网络节点由数据采集模块(传感器、A/D 转换器)、数据处理和控制模块(微处理器、存储器)、通信模块(无线收发器)和供电模块(电池、DC/DC 能量转换器)等组成,如图 6.21 所示。

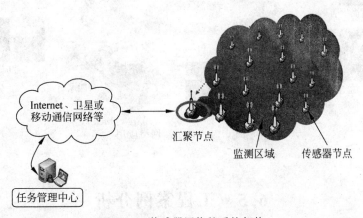

图 6.20 传感器网络的系统架构

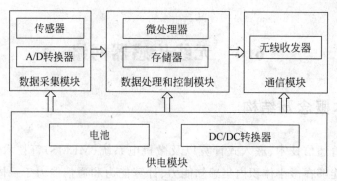

图 6.21 传感器网络节点结构图

6.4.2 应用实例

在许多领域，无线传感器网络均有重要的应用，如图 6.22 所示。军事上，使用声音、压力等传感器可以侦探敌方阵地动静，人员、车辆行动情况，实现战场实时监督、战场损失评估等；商业上，无线传感器网络可实现家居环境、工作环境智能化；医疗上，无线传感器网络可以远程实时监控病人、老人身体状况，如实时掌握血压、血糖、脉搏等情况，一旦发生危急情况可在第一时间实施救助，也可实现在人体内植入人工视网膜（传感器阵列）让盲人重见光明；环境方面，无线传感器网络可以进行野生动植物栖息地生态环境监控、生物多样性监控、森林火情监控、河道水文监测、水灾预警等。

图 6.22 传感器网络应用

6.5 工程案例分析

基于网络的发动机的脉动压力、转速、燃油流量多参数多通道综合测试系统要求系统实时采集脉动压力、转速以及燃油流量，并可通过网络获取试验数据，实时地观察试验结果。

根据这一要求,如果采用传统的分散型仪器,其功能单一、价格昂贵、可重配置性弱。因此,基于虚拟仪器研制该系统,可集信号采集、分析、存储和测试报表生成等功能于一体,并具有本地和远程测试功能。根据测试要求,试验系统如图 6.23 所示。

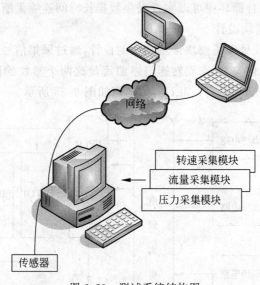

图 6.23　测试系统结构图

1. 硬件设计

1) 压力采集模块设计

压力采集模块由四路通道全并行的方式组成,同时完成对 4 个通道的并行数据采集。其硬件结构图如图 6.24 所示。模块的最高采样率为 100kHz,输入电压范围为 0～±20mV～±10V,频率范围为 0～20kHz,要求频谱分析的频带宽度为 10kHz,频率分辨力为 2.5Hz。

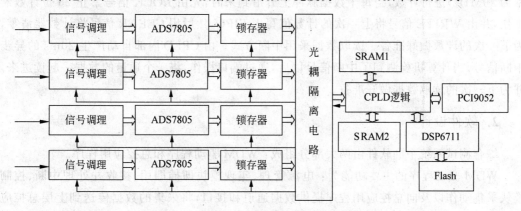

图 6.24　脉动压力采集模块硬件结构图

　　在设计中,为保证四路数据采集过程的连续性和数据无间断点存储,采用硬双缓冲技术,即两个 SRAM 以"乒乓"方式工作,实现实时数据存储和传送,其工作步骤如下：①CPLD逻辑控制将采集数据由锁存器写入 SRAM1；②当 SRAM1 数据满后,产生硬件中断信号,该信号通知 CPLD 控制逻辑关闭锁存器与 SRAM1 之间数据通道，同时开启锁存器与 SRAM2 之间数据通道；③主机通过采集模块与 PCI 接口之间的数据通道从 SRAM1 取回数据放入主机缓冲区，而后续数据连续无间断地存入 SRAM2；④当 SRAM2 数据满后，产生硬件中断信号，如此交替循环便可以实现采集数据长时间连续无断点存储。

2）转速/流量采集模块设计

转速采集模块以及流量采集模块采用相同的设计，通过采集信号的频率值，根据该频率值与转速、燃油流量的比例关系，得到转速与燃油流量这两个参数的值，从而达到测试的目的。其频率测量范围为 0.6Hz～51.2kHz，结构图如图 6.25 所示。

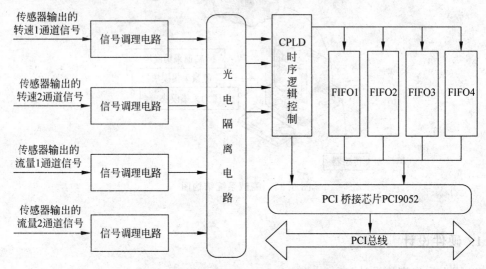

图 6.25　转速/流量采集模块硬件结构图

在转速（流量）数据采集模块中，根据测周原理，对被测信号周期以 25ns 的时基（晶振频率为 40MHz）进行计数，当每个数据脉冲上升沿到来时，先由 LOCK 信号禁止 26 位计数器工作，并由 WRITE 信号将上一次的计数值写入 FIFO，然后用 CLEAR 信号将计数器清零，为下一次的计数做好准备。读取数据采用中断方式。由 CPLD 内部自动产生 20ms 的异步中断信号，当计算机检测到了中断信号以后，通过端口操作，将 4 个通道的数据一起读进来，并为下一次的读取数据做好准备。

2. 软件设计

综合测试系统中的软件由两大部分组成：WDM 驱动程序和总控应用程序。

WDM 驱动程序的主要功能为：电源管理、实现模块即插即用、接收并处理中断、控制模块采集动作以及向总控应用程序提供数据通道和接口，将采集的数据传送到上层总控应用程序。图 6.26 列举了转速采集模块的测试流程。

总控应用程序采用模块化设计，在 Windows 2000 环境下，利用 Visual C++. NET 和 Measurement studio 开发工具开发完成。总控软件采用图形化界面，其主界面如图 6.27 所示。

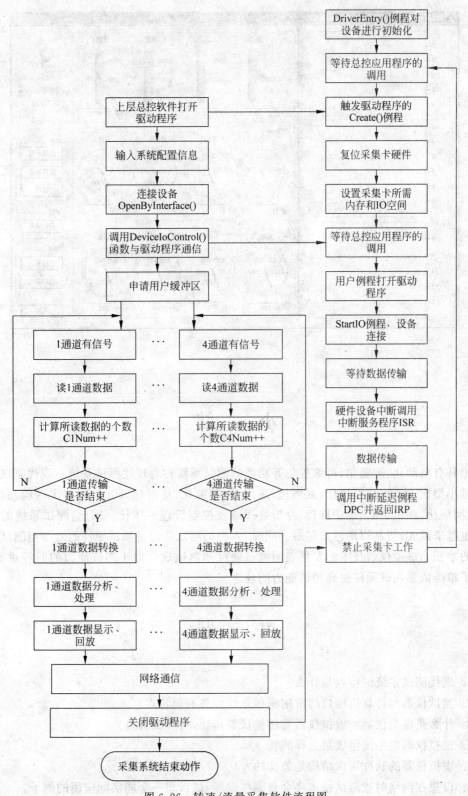

图 6.26 转速/流量采集软件流程图

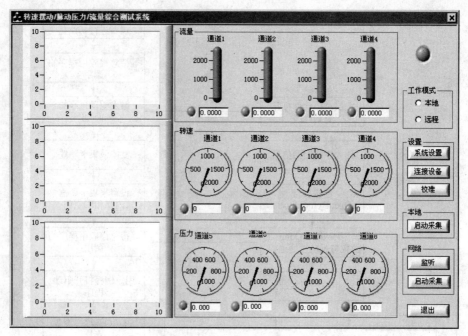

图 6.27　主界面

小　结

　　把具有自动化、智能化、可编程化等功能的测试系统称为现代测试系统。现代测试系统日趋微小型化、自动化、模块化、系列化、通用化、智能化、标准化，同时，测试实现现场化、远地化、网络化，测试诊断、维护修理、分析处理以及控制管理一体化。因此，测试系统的研制投入也越来越大，研制周期越来越短。同时，人类的测试能力是测试硬件的效率与测试软件效率的乘积。虚拟仪器技术的发展表明测试硬件和测试软件对于测试能力的同等重要性，改变了单纯依靠测试硬件提高测试能力的观念。

习　题

1. 现代测试系统的特点是什么？
2. 测试仪器与计算机接口时常用哪些总线？各有何特点？
3. 什么是虚拟仪器？虚拟仪器与传统仪器相比，有什么特点？
4. 虚拟仪器的系统组成是怎样的？
5. 虚拟仪器的软件层次结构是怎样的？
6. 设想在网络时代测试技术将会有哪些发展，试设想一个能实际应用的例子。

附　　录

附录 I　常见信号分析

附表 I -1　傅里叶变换表

序号	时间函数 $x(t)$	傅里叶变换式 $X(j\omega)$
1	$\delta(t)$	1
2	1	$2\pi\delta(\omega)$
3	$u(t)$	$\pi\delta(\omega)+\dfrac{1}{j\omega}$
4	$e^{-at}\cdot u(t)$	$\dfrac{1}{\alpha+j\omega}$
5	$t\cdot e^{-at}\cdot u(t)$	$\dfrac{1}{(\alpha+j\omega)^2}$
6	$\dfrac{t^{n-1}}{(n-1)!}\cdot e^{-at}\cdot u(t)$	$\dfrac{1}{(\alpha+j\omega)^n}$
7	$e^{-a\lvert t\rvert}$	$\dfrac{2\alpha}{\alpha^2+\omega^2}$
8	e^{-at^2}	$\sqrt{\dfrac{\pi}{\alpha}}e^{-\frac{\omega^2}{4\alpha}}$
9	$\cos\omega_0 t$	$\pi[\delta(\omega+\omega_0)+\delta(\omega-\omega_0)]$
10	$\sin\omega_0 t$	$j\pi[\delta(\omega+\omega_0)-\delta(\omega-\omega_0)]$
11	$\cos\omega_0 t\cdot u(t)$	$\dfrac{\pi}{2}[\delta(\omega+\omega_0)+\delta(\omega-\omega_0)]+\dfrac{j\omega_0}{\omega_0^2-\omega^2}$
12	$\sin\omega_0 t\cdot u(t)$	$j\dfrac{\pi}{2}[\delta(\omega+\omega_0)-\delta(\omega-\omega_0)]+\dfrac{\omega_0}{\omega_0^2-\omega^2}$
13	$e^{-at}\cdot\cos\omega_0 t\cdot u(t)$	$\dfrac{\alpha+j\omega}{(\alpha+j\omega)^2+\omega_0^2}$
14	$e^{-at}\cdot\sin\omega_0 t\cdot u(t)$	$\dfrac{\omega_0}{(\alpha+j\omega)^2+\omega_0^2}$
15	$\dfrac{\cos\omega_0 t}{\alpha^2+t^2}$	$\dfrac{\pi}{2}(e^{-a\lvert\omega-\omega_0\rvert}+e^{-a\lvert\omega+\omega_0\rvert})$
16	$\dfrac{\sin\omega_0 t}{\alpha^2+t^2}$	$j\dfrac{\pi}{2\alpha}(e^{-a\lvert\omega+\omega_0\rvert}-e^{-a\lvert\omega-\omega_0\rvert})$

附表 I-2　常见信号及其频谱

$x(t)$		$X(\mathrm{j}f)$	
	单位脉冲 $\begin{cases}\delta(t)=0 & t\neq 0 \\ \int_{-\infty}^{\infty}\delta(t)\mathrm{d}t=1\end{cases}$	1	
	单位直流 1	$\delta(f)$	
	单位阶跃 $u(t)=\begin{cases}0 & t<0 \\ 1 & t>0\end{cases}$	$\dfrac{1}{2}\delta(f)+\dfrac{1}{\mathrm{j}2\pi f}$	
	单位符号函数 $\mathrm{sin}t$	$\dfrac{2}{\mathrm{j}2\pi f}$	
	非周期方波 $\begin{cases}1 & |t|\leqslant\dfrac{T}{2} \\ 0 & |t|>\dfrac{T}{2}\end{cases}$	$T\cdot\mathrm{sinc}(\pi/T)$	
	单边指数 $\mathrm{e}^{-at}\cdot u(t)(a>0)$	$\dfrac{1}{\alpha+\mathrm{j}\cdot 2\pi f}$	
	周期正弦 $\mathrm{sin}2\pi f_0 t$	$\mathrm{j}\cdot\dfrac{1}{2}[\delta(f+f_0)-\delta(f-f_0)]$	

$x(t)$		$X(\mathrm{j}f)$	
	周期余弦 $\cos 2\pi f_0 t$	$\dfrac{1}{2}[\delta(f+f_0)+\delta(f-f_0)]$	
	复杂周期信号 $\displaystyle\sum_{n=-\infty}^{\infty} C_n \mathrm{e}^{\mathrm{j}n2\pi f_0 t}$	$\displaystyle\sum_{n=-\infty}^{\infty} C_n \delta(f-nf_0)$	
	周期单位脉冲序列 $\displaystyle\sum_{n=-\infty}^{\infty} \delta(t-nT_s)$	$\dfrac{1}{T_s}\displaystyle\sum_{n=-\infty}^{\infty} \delta\left(f-\dfrac{n}{T_s}\right)$	
	单位斜坡 $t \cdot u(t)$	$\dfrac{\mathrm{j}}{2}\delta'(f)-\dfrac{1}{(2\pi f)^2}$	
	单边正弦 $\sin 2\pi f_0 t \cdot u(t)$	$\dfrac{\mathrm{j}}{4}[\delta(f+f_0)-\delta(f-f_0)]$ $+\dfrac{f_0}{2\pi(f_0^2-f^2)}$	
	衰减正弦 $\mathrm{e}^{-at}\sin 2\pi f_0 t \cdot u(t)$	$\dfrac{2\pi f_0}{(\alpha+\mathrm{j}2\pi f)^2+(2\pi f_0)^2}$	
	取样函数 $\dfrac{\sin \Omega t}{\Omega t}$	$\begin{cases} \dfrac{\pi}{\Omega} & \lvert f\rvert<\Omega \\[2mm] 0 & \lvert f\rvert>\Omega \end{cases}$	

附录Ⅱ　Pt100分度表

温度/℃	0	1	2	3	4	5	6	7	8	9
	电阻值/Ω									
0	100	100.39	100.78	101.17	101.56	101.95	102.34	102.73	103.12	103.51
10	103.90	104.29	104.68	105.07	105.46	105.85	106.24	106.63	107.02	107.40
20	107.79	108.18	108.57	108.96	109.35	109.73	110.12	110.51	110.90	111.29
30	111.67	112.06	112.45	112.83	113.22	113.61	114.00	114.38	114.77	115.15
40	115.54	115.93	116.31	116.70	117.08	117.47	117.86	118.24	118.63	119.01
50	119.40	119.78	120.17	120.55	120.94	121.32	121.71	122.09	122.47	122.86
60	123.24	123.63	124.01	124.39	124.78	125.16	125.54	125.93	126.31	126.69
70	127.08	127.46	127.84	128.22	128.61	128.99	129.37	129.75	130.13	130.52
80	130.90	131.28	131.66	132.04	132.42	132.80	133.18	133.57	133.95	134.33
90	134.71	135.09	135.47	135.85	136.23	136.61	136.99	137.37	137.75	138.13
100	138.51	138.88	139.26	139.64	140.02	140.40	140.78	141.16	141.54	141.91
110	142.29	142.67	143.05	143.43	143.80	144.18	144.56	144.94	145.31	145.69
120	146.07	146.44	146.82	147.20	147.57	147.95	148.33	148.70	149.08	149.46
130	149.83	150.21	150.58	150.96	151.33	151.71	152.08	152.46	152.83	153.21
140	153.58	153.96	154.33	154.71	155.08	155.46	155.83	156.20	156.58	156.95
150	157.33	157.70	158.07	158.45	158.82	159.19	159.56	159.94	160.31	160.68
160	161.05	161.43	161.80	162.17	162.54	162.91	163.29	163.66	164.03	164.40
170	164.77	165.14	165.51	165.89	166.26	166.63	167.00	167.37	167.74	168.11
180	168.48	168.85	169.22	169.59	169.96	170.33	170.70	171.07	171.43	171.80
190	172.17	172.54	172.91	173.28	173.65	174.02	174.38	174.75	175.12	175.49
200	175.86	176.22	176.59	176.96	177.33	177.69	178.06	178.43	178.79	179.16
210	179.53	179.89	180.26	180.63	180.99	181.36	181.72	182.09	182.46	182.82
220	183.19	183.55	183.92	184.28	184.65	185.01	185.38	185.74	186.11	186.47
230	186.84	187.20	187.56	187.93	188.29	188.66	189.02	189.38	189.75	190.11
240	190.47	190.84	191.20	191.56	191.92	192.29	192.65	193.01	193.37	193.74
250	194.10	194.46	194.82	195.18	195.55	195.91	196.27	196.63	196.99	197.35
260	197.71	198.07	198.45	198.79	199.15	199.51	199.87	200.23	200.59	200.95
270	201.31	201.67	202.03	202.39	202.75	203.11	203.47	203.83	204.19	204.55
280	204.90	205.26	205.62	205.98	206.34	206.70	207.05	207.41	207.77	208.13
290	208.48	208.84	209.20	209.56	209.91	210.27	210.63	210.98	211.34	211.70
300	212.05	212.41	212.76	213.12	213.48	213.83	214.19	214.54	214.90	215.25
310	215.61	215.96	216.32	216.67	217.03	217.38	217.74	218.09	218.44	218.80
320	219.15	219.51	219.86	220.21	220.57	220.92	221.27	221.63	221.98	222.33
330	22.268	223.04	223.39	223.74	224.09	224.45	224.80	225.15	225.50	225.85
340	226.21	226.56	226.91	227.26	227.61	227.96	228.31	228.66	229.02	229.37
350	229.72	230.07	230.42	230.77	231.12	231.47	231.82	232.17	232.52	232.87
360	233.21	233.56	233.91	234.26	234.61	234.96	235.31	235.66	236.00	236.35

温度 /℃	0	1	2	3	4	5	6	7	8	9
					电阻值/Ω					
370	236.70	237.05	237.40	237.74	238.09	238.44	238.79	239.13	239.48	239.83
380	240.18	240.52	240.87	241.22	214.56	241.91	242.26	242.60	242.95	243.29
390	243.64	243.99	244.33	244.68	245.02	245.37	245.71	246.06	246.40	246.75
400	247.09	247.44	247.78	248.13	248.47	248.81	249.16	249.50	249.85	250.19
410	250.53	250.88	251.22	251.56	251.91	252.25	252.59	252.93	253.28	253.62
420	253.96	254.30	254.65	254.99	255.33	255.67	256.01	256.35	256.70	257.04
430	257.38	257.72	258.06	258.40	258.74	259.08	259.42	259.76	260.10	260.44
440	260.78	261.12	261.46	261.80	262.14	262.48	262.82	263.16	263.50	263.84
450	264.18	264.52	264.86	265.20	265.53	265.87	266.21	266.55	266.89	267.22
460	267.56	267.90	268.24	268.57	268.91	269.25	269.59	269.92	270.26	270.60
470	270.93	271.27	271.61	271.94	272.28	272.61	272.95	273.29	273.62	273.96
480	274.29	274.63	274.96	275.30	275.63	275.97	276.30	276.64	276.97	277.31
490	277.64	277.98	278.31	278.64	278.98	279.31	279.64	279.98	280.31	280.64
500	280.98	281.31	281.64	281.98	282.31	282.64	282.97	283.31	283.64	283.97
510	284.30	284.63	284.97	285.30	285.63	285.96	286.29	286.62	286.85	287.29
520	287.62	287.95	288.28	288.61	288.94	289.27	289.60	289.93	290.26	290.59
530	290.92	291.25	291.58	291.91	292.24	292.56	292.89	293.22	293.55	293.88
540	294.21	294.54	294.86	295.19	295.52	295.85	296.18	296.50	296.83	297.16
550	297.49	297.81	298.14	298.47	298.80	299.12	299.45	299.78	300.10	300.43
560	300.75	301.08	301.41	301.73	302.06	302.38	302.71	303.03	303.36	303.69
570	304.01	304.34	304.66	304.98	305.31	305.63	305.96	306.28	306.61	306.93
580	307.25	307.58	307.90	308.23	308.55	308.87	309.20	309.52	309.84	310.16
590	310.49	310.81	311.13	311.45	311.78	312.10	312.42	312.74	313.06	313.39
600	313.71	314.03	314.35	314.67	314.99	315.31	315.64	315.96	316.28	316.60
610	316.92	317.24	317.56	317.88	318.20	318.52	318.84	319.16	319.48	319.80
620	320.12	320.43	320.75	321.07	321.39	321.71	322.03	322.35	322.67	322.98
630	323.30	323.62	323.94	324.26	324.57	324.89	325.21	325.53	325.84	326.16
640	326.48	326.79	327.11	327.43	327.74	328.06	328.38	328.69	329.01	329.32

附录Ⅲ　热电偶 K 分度表

温度 /℃	0	10	20	30	40	50	60	70	80	90
					热电势/V					
0	0.000	0.397	0.798	1.203	1.611	2.023	2.437	2.851	3.267	3.682
100	4.096	4.509	4.920	5.328	5.735	6.136	6.540	6.841	7.340	7.739
200	8.139	8.540	8.940	9.343	9.748	10.153	10.561	10.971	11.362	11.795
300	12.209	12.624	13.040	13.457	13.875	14.203	14.713	15.133	15.554	15.975
400	16.397	16.820	17.243	17.667	18.091	18.516	16.940	19.366	19.792	20.218

温度 /℃	0	10	20	30	40	50	60	70	80	90
	热电势/V									
500	20.644	21.071	21.497	21.924	22.350	22.766	23.203	23.629	24.055	24.480
600	24.906	25.330	25.755	26.179	26.602	27.025	27.447	27.869	28.290	28.780
700	29.129	29.548	29.965	30.362	30.798	31.214	31.628	32.041	32.453	32.865
800	33.275	33.685	34.093	34.501	34.906	35.313	35.718	36.121	36.524	36.925
900	37.326	37.726	38.124	38.522	38.918	39.314	39.708	40.101	40.494	40.885
1000	41.276	41.665	42.053	42.440	42.826	43.211	43.595	43.977	44.359	44.740
1100	45.119	45.497	45.873	46.247	46.623	46.996	47.357	47.737	48.105	48.473
1200	48.838	49.202	49.565	49.926	50.286	50.644	51.000	51.355	51.709	52.060
1300	52.410	52.759	53.106	58.451	53.795	54.138	54.479	54.819		

参 考 文 献

[1]   沈艳,陈亮,郭兵,等.测试与传感技术[M].2 版.北京:电子工业出版社,2016.

[2]   沈艳,郭兵,杨平.测试与传感技术[M].北京:清华大学出版社,2011.

[3]   孔德仁,朱蕴璞,狄长安.工程测试技术[M].2 版.北京:科学出版社,2009.

[4]   周征,杨建平.传感器与检测技术[M].西安:西安电子科技大学,2017.

[5]   沈显庆.传感器与检测技术原理及实践[M].北京:中国电力出版社,2018.

[6]   沈艳,孙锐.工程控制基础[M].北京:清华大学出版社,2009.

[7]   沈艳,李迅波,杨平.网络化综合测试系统的研制[J].试验技术与管理,2008(8):54-58.

[8]   江征风.测试技术基础[M].北京:北京大学出版社,2007.

[9]   王晓鹏.传感器与检测技术[M].北京:北京理工大学出版社,2016.

[10] 卢文祥,杜润生.机械工程测试·信息·信号分析[M].3 版.武汉:华中科技大学出版社,2014.

[11] 周传德.机械工程测试技术[M].重庆:重庆大学出版社,2014.

[12] 余成波,陶红艳.传感器与现代检测技术[M].2 版.北京:清华大学出版社,2014.

[13] 宋强,张烨,王瑞.传感器原理与应用技术[M].成都:西南交通大学出版社,2016.

[14] 陈科山,王燕.现代测试技术[M].北京:北京大学出版社,2011.

[15] 李力.机械信号处理及其应用[M].武汉:华中科技大学出版社,2007.

[16] 蔡共宣,林富生.工程测试与信号处理[M].武汉:华中理工大学出版社,2006.

[17] 王建民,曲云霞.机电工程测试与信号分析[M].北京:中国计量出版社,2004.

[18] 钱裕禄.传感器技术及应用电路项目化教程[M].北京:北京大学出版社,2013.